橡皮章乐园

印刻生活中的小幸福

【韩】韩岁真 著

钱 卓 译

中国水利水电出版社
www.waterpub.com.cn

用我的专属物品装饰房间，
慰藉迟钝笨拙的自己

也不知是从什么时候起，我会跟随手的节奏，接连几个小时专注于手工制作。小时候，每当我觉得花几个铜板买来的纸娃娃衣服不够漂亮或对其非常不满时（那时候，纸娃娃的衣服都是公主风格），就一定会拿出我视若珍宝的彩色蜡笔和彩色铅笔，歪歪扭扭地，为我的娃娃画出更漂亮的衣裳。

我还记得，有时亲手制作一张生日卡或明信片送给别人时，自己的心情也会不知不觉随着收礼人的反应变得明朗起来。小时候，父母如果忙起来，就会将我送到外婆家。每到那时，我一定会备好我的画纸和彩铅。这样一来，我就能画各种可爱的小兔子、小狗或漫画中的主人公，在见到投缘的朋友时将它们当作礼物送出去。对我而言，手工制作是一种在无形中表达乐趣、喜好和情感的途径。

手工制作不仅耗时，而且还不尽完美。但正因如此，我才喜欢上它。因为，我所做的事，像缝缝补补、敲敲钉钉、涂涂刷刷类的活儿，和慢性子且常常出错的我很相似，所以我喜欢。有时马马虎虎，有时又天衣无缝。虽然一点点修理、安装、重新粉刷的工作复杂又麻烦，但我仍然十分享受这个让事情一步一步变顺当的过程。

没有寄予情感的东西容易舍弃，而亲手制作的东西在长久使用和反复修理的过程中累积了记忆和故事，因此难以割舍。我现在正使用的桌子就是在刚开始筹备咖啡馆时截取天然原木，粘贴、安装、打磨，一步步亲手制作的。这期间曾有硕大的木屑溅入我的眼睛，于是我跑去大学急诊室。在医生给我滴了几大瓶生理盐水之后，木屑终于消失了。这张桌子真的让我付出了巨大的代价。一晃眼，它陪伴了我五年，桌子腿也开始嘎吱作响了。于是我给它重新涂上木工胶，并钉上钉子进行加固。也许当行家们看到这张桌子，会半开玩笑地调侃说："这真是一张千疮百孔的桌子啊！"但我依然会坐在它面前，做玩具、画画……因它做之不易，故而难以舍弃。

我的工作室是一间月租三十万韩币*的屋塔房，但我仍然万分幸福地打造着属于我的这片天地。我在平价的MDF*箱子上刷油漆，将其做成桌子；我裁了一大块原色布料，将它做成窗帘。也许有人质疑：在这里住不了多久可能就要搬家，为什么还要费尽心力装饰房子呢？可我认为，和考虑多久之后会离开这里相比，活在当下，实实在在地吃好、睡好、过好更重要。

我们常常会想，反正住的是月租房或年租房，只暂时住一阵子而已，于是对装饰自己租来的房间持保留意见。其实，如果我们一直以这样那样的心态不去布置自己的房间，这样二十岁过去、三十岁过去，等到了四十岁的时候，即便拥有了一套完全属于自己的房子，说真的，到那个时候，你反而有可能会因为不知道如何装饰它而心虚、紧张。如果自己都不去布置，又会有谁替你布置呢？

这本书缘起自一个小小的愿望。那就是：希望和大家一起练习怎样装饰自己的专属空间，不需要通过复杂的工程，也不使用复杂的工具。来，就从现在开始，去创造那个哪怕只有一坪*，却仍然足以温暖自己的小天地吧！

* 约合人民币1650元。
* 中密度纤维板（Medium Density Fiberboard），简称中纤板，是一种以木质纤维或其他植物纤维为原料，经打碎、纤维分离、干燥后施加脲醛树脂或其他适用的胶粘剂，再经热压后制成的一种人工板材。
* 坪，面积单位，一坪约等于3.3平方米。

目录

热身运动，从雕刻橡皮章开始练习

Part1. 我做的圆形很特别
- 用图形简洁的橡皮章，制作我的闺房小物件

Part6. 秘密日记本里的咖啡馆和杂货店

- 追随一个充满生活格调的地方

材料介绍

名称难记，种类繁多。也许还有很多材料大家都不知道如何使用。
但千万千万不要在动手前胆怯。我们首先来看图片和说明，熟悉一下它们的名称。
其实，只需拥有它们中的几样，就能够做出数不清的玩意儿出来哦。

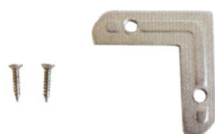

┐字扁铁
连接画框或┐字形木制品
时使用。

剪刀
薄剪刀前部尖细，使用起来
极其便利。

码钉枪
比普通钉枪更深更坚固。
在木制品制作中常常用到。
记住同时购买与之配套的码钉。

活叶
常用于安装门。

棉布和亚麻布
均使用经水洗处理过的为好。
本书中的布手作几乎都是由水洗
棉布或水洗亚麻布制作而成。

螺丝钉
用电动改锥或普通改锥固定
木板时使用。

遮蔽胶带
木板上刷胶后，需要固定
时使用，效果很好。

锤子
没有码钉枪或电动改锥时，可
用锤子和钉子进行固定。

木工胶
刷完后，需要在胶合处钉钉子
或用螺丝进行胶干前的暂时
固定。

钉子
有时可以替代螺丝和码钉
使用。

刷子
在上漆时常常用到。

把手
可以用螺丝固定的金属把手。

绕线板
本书中将其切成两半，作为
把手使用。

磁吸
通过磁力使门关闭，一般也叫
作碰珠。

砂纸
用于将木板打磨平整。刚开始
时用粗砂纸，到最后收尾时用
细砂纸。

搁板支架
安装搁板时使用，简单方便。

水溶性清漆
水溶性清漆不会污染环境，无异味，使用方便。
本书中使用的清漆有壁纸专用漆、瓷砖专用漆和木材专用漆。

印泥
印泥分油性、水性和织物印泥三种。只要有针对性地正确使用，所印图案就不会被轻易抹去。

海绵
给木制品上漆或在织物上盖橡皮章时使用。
面积越大，使用起来越方便。

针和线
用于制作布艺小物。
缝纫专用线既结实又光滑，使用起来十分方便。

硅胶（玻璃胶）
硅胶用途很多。
本书中，它用来固定木制品和亚克力，以及固定假墙和墙壁。
硅胶在胶干以后，会十分稳固。

亚克力
有机玻璃，轻巧易携带。初学者能轻易上手。

勾刀
能轻易划破亚克力的专用刀。
首先用勾刀在亚克力表面划几次，然后再用双手将其沿割线掰断。

三角挂件
为挂画框制作而成的环，一般用螺丝将其固定在画框上。

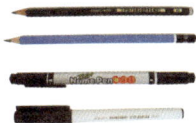

铅笔和油性笔
用于画基线或素描。
本书中的油性笔可以直接用橡皮擦去。

水性色精
给木制品上色。
它颜色自然，不同于油漆。
可以用水进行稀释来调节浓度，粉刷时用海绵或刷子作为工具。

尺
测量小尺寸时使用。

卷尺
测量大的空间尺寸时使用。

电动改锥
常用于连接木制品或附属物品。
手工制作中若使用电动改锥，可以节省很多力气。

橡皮砖
用于制作橡皮章。
小而软的橡皮砖雕刻起来更容易。
大橡皮在制作大图案橡皮章时比较方便。

美工刀
用于雕刻橡皮砖。品牌不重要，刀片的尾部越灵活，操作起来就越省力。

织物染料
织物专用产品。
在织物上盖过橡皮章之后，还要将其熨烫平整。
它的颜色比织物印泥更深更鲜明。

瓷笔
能够在瓷制品上直接画画的笔。
要摇晃笔身之后再使用。
画完后让其自然干燥，接着放入烤箱烘烤即可。

底漆
在给木材、铁制品或瓷器上刷油漆前起打底作用。本书中，在给卫生间瓷砖上漆时使用过。

热身运动

从雕刻橡皮章开始练习

本书中出现的大部分作品都是用橡皮章完成的。那么，我们就从文具店里那些五百多韩元*的橡皮砖开始吧！

其实，在最初开始制作橡皮章时，我自己都没想到原来橡皮章竟然有如此之多的功能。我们可以将橡皮章盖在纯色亚麻布和白布上，制作出独一无二的专属魅力布艺作品；我们还可以将橡皮章盖在笔记本或信封上，给它们来个可爱的魔法大变身……就这样，我不知不觉深深陷入了橡皮章的魅力之中。

当然，利用市面上卖的已有图案的针织物，或者直接使用从文具店里买来的现成橡皮章也是一种容易上手的DIY方法。可是，为何从一开始就一步一步制作？这和使用现成的工具是不一样的，是我所希望拥有的"真正属于我的东西"的感觉。

那么，我们首先从橡皮章的制作开始吧。如果橡皮章和美工刀都已经准备好，那还等什么？Follow Me!

*合人民币3元左右。

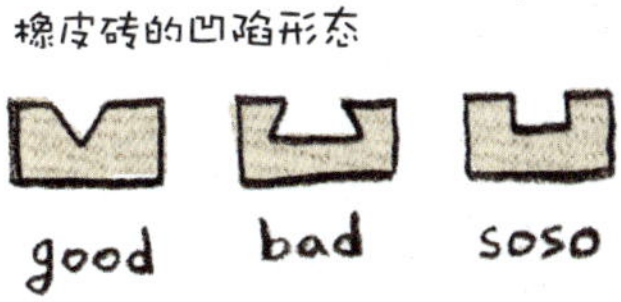

橡皮砖的凹陷形态

good　　bad　　soso

第一，
刻橡皮砖时，要尽量将凹陷处刻成三角形状。

第二，
盖橡皮章时，不要用手指捏着橡皮章"啪"地一盖，而应该用手掌按压橡皮章，但也不宜过于用力。只有这样，成品图案颜色的分布才会均匀，不会出现空白和缺口。

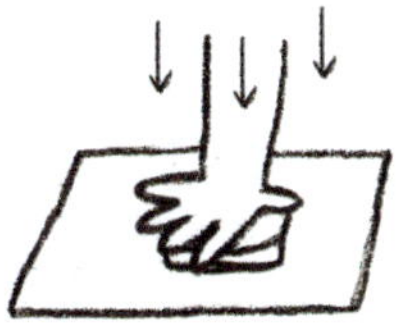

按压橡皮章

危险的工具，
要小心操作！

第三，
刻橡皮章时，要特别留意雕刻刀。虽然橡皮章很软，雕刻起来也不难，但是如果因强度没有把握好而让刀片朝着意想不到的方向偏离，就很容易伤到手。

时刻
小心！

简单图形的
橡皮章雕刻

简单图形的长处在于：不仅雕刻时容易上手，而且看上去利落干净。

例如像圆形、三角形或菱形等基本图形的橡皮章，

几乎不用另外说明就能够制作成功。

盖橡皮章时，既可以只选择一种颜色，也可以使用不同颜色进行搭配。

我们还是先选择自己喜欢的图案，试着做做看吧。

没准，你会被简单图形的魅力所折服，制作出比想象中更多的小玩意儿来呢。

圆形橡皮章雕刻

准备物品：橡皮砖、铅笔、硫酸纸、美工刀、印泥、盖章试用纸（两面纸、报纸）

圆形橡皮章尺寸：**40mm**（直径）

1. 用铅笔在准备好的硫酸纸上画一个圆。

（如有现成图案，可直接将该图案置于硫酸纸下进行描画。）

2. 将硫酸纸翻转过来并将该圆印在橡皮砖上，同时用指甲沿线条刮几下。

3. 移开硫酸纸，用美工刀割下圆圈之外的部分。

4. 沿着自己顺手的方向转动刀片，切掉突出的棱角部分。

（如果要做一个标准的圆，就得将边角处耐心地修理平整。）

5. 将印泥均匀地沾在橡皮章表面，然后将图案盖在纸上。

6. 最后完善一下自己觉得还不够完美的地方。制作完成！

TIP： 对于左右对称的图案，我们也可以用铅笔或者中性笔直接将该图画在橡皮砖上。至于橡皮砖，则是表面平整、质感松软的雕刻起来比较容易。

三角形橡皮章雕刻

准备物品：橡皮砖、美工刀、铅笔或者中性笔、印泥、盖章试用纸

1. 用铅笔或中性笔在橡皮砖上画出自己想要的图形。

2. 沿着画好的线进行雕刻，凹槽为"V"字型。

（即：用刀片以左边划一道、右边划一道的方式进行雕刻。）

3. 将印泥均匀地沾在橡皮章表面，然后将图案盖在纸上。

4. 试盖之后，完善一下觉得还不够完美的地方。制作完成！

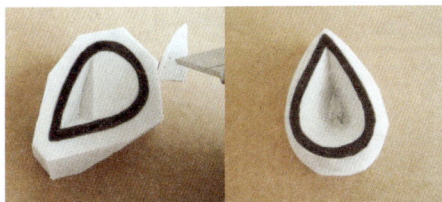

水滴形状的橡皮章雕刻

1. 用铅笔或中性笔在橡皮砖上画出自己想要的图形。

2. 按照V字型刻法，从圈内开始一点点进行雕刻。

（以左边一道、右边一道的方式进行雕刻）

3. 圈内部分全部完成后，接着削掉圈外的橡皮砖。

4. 将印泥均匀地沾在橡皮章表面，然后将图案盖在纸上。

5. 试盖之后，完善一下觉得还不够完美的地方。制作完成！

两滴水滴的图案

雕刻方法同上。

先整理好外围，然后再进行雕刻。

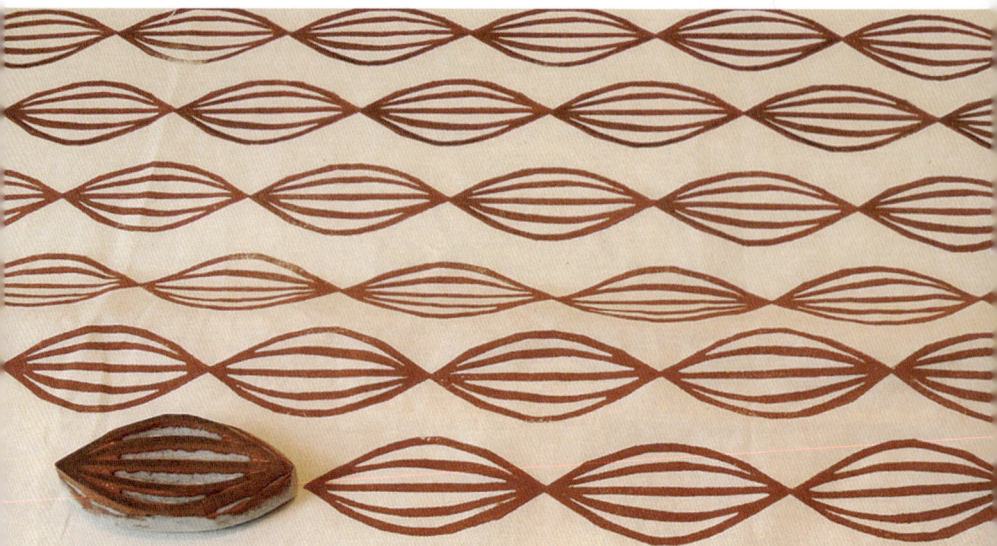

挑战稍微
复杂的图案

在成功制作了基本图形的橡皮章之后，我们不妨来试试更好看的图案。在这里我想尝试一下弥漫着和古着和怀旧风情的杏仁和花朵图案。它们的制作工具和方法与前面几个简单图形并没有太大区别。操作的时候，沿着曲线雕刻，记住，手放轻松，别让自己受伤。等以后刀工更熟练一些了，即便是比它们更复杂的图案也能够轻松完成。不过现在，我们还是先怀着练习的心态，准备好橡皮砖和美工刀吧。

复古的杏仁图案橡皮章雕刻

准备物品：松软的橡皮砖、美工刀、中性笔、印泥、盖章试用纸

1. 用中性笔在橡皮砖上画出杏仁底图。

2. 切除底图四周的棱角部分。

3. 削掉底图轮廓线外的部分，并将边沿修理平整。

4. 用美工刀沿着内线进行切划。

5. 将橡皮砖转到另一边，按照同样的方法切划另一侧内线。

6. 确保凹陷部分是V字型。雕刻完成。

7. 将印泥均匀地沾在橡皮章表面，然后将图案盖在纸上。

8. 完善一下觉得还不够完美的地方。制作完成！

TIP： 雕刻时，一只手稳住橡皮砖的底部，另一只手使用美工刀进行操作。手放松，轻轻用力，并沿着线条慢慢移动美工刀。

花朵图案的橡皮章雕刻

准备物品：橡皮砖、美工刀、中性笔、印泥、盖章试用纸

1. 用中性笔在橡皮砖上画出花朵图案（也可以使用铅笔）。

2. 切掉图案以外的部分。

3. 内侧按照V字型刻法雕刻。

4. 试盖一下，然后对觉得还不够完美的地方进行完善。制作完成！

（如果觉得过于简单，还可以挑战一下第三张图片中的花朵图案。）

TIP： 待橡皮章制作完成后，你就会发现它可以活用的范围比想象中更广泛。它可以用在织物、纸张、陶器、玻璃或木材等多种材质上，而且能够使用很久，所以我们一定要好好保管。橡皮章容易沾染灰尘，因此最好将它们分别安置在不同的盒子里，或者给它们各自裹一层保鲜膜。此外，橡皮章在使用之后要用流动的水清洗，然后用干手帕或干毛巾将其擦拭干净。这样就可以使用很久也不会变脆或断裂了。

就从现在开始吧!
充分享受自己制作橡皮章的趣味。
制作方法都是一样的,
因此,除了书中的图案之外,
我们还可以尽情制作并灵活运用自己喜爱的其他图案哦。

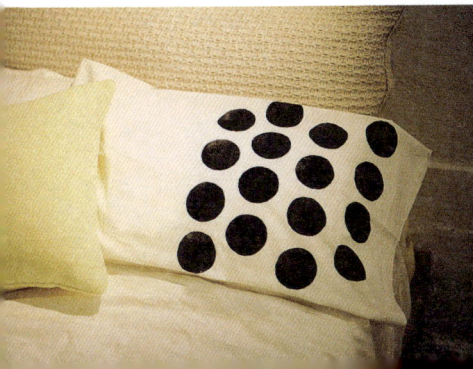

part1.

我做的圆形
很特别

用图形简洁的橡皮章
制作我的闺房小物件

merry christmas
and happy new year
. duboo :

首先做什么呢? 会做好吗? 不会搞砸吧? 会不会只把材料买回来却不动手呢? 也许, 有些人一开始就会有这样的想法。

如果真的搞砸了, 做得不好看怎么办? 没关系! 请放松心情, 愉快地开始吧! 千万不要有负担。

一旦注入了自己的想法, 物件就会变得有温度。亲手制作的东西虽然不一定完美, 但是能让人感到安定和温暖。就如同外婆亲手织的、有些土气的围巾, 哪怕技术不够娴熟, 哪怕织落了一只鼻子图案, 哪怕织得并不均匀, 戴上时仍会因上面带有外婆的味道、时间的记忆和长久的爱而感觉备加温暖。无论是谁, 当他亲手制作一件礼物的时候, 心里都会想着要赠予的那个人。这样诞生的礼物包含了一颗真挚的心, 这种物品也成为世间独一无二、弥足珍贵的礼物。

现在, 就将方向转向"我"吧。为我, 为我一个人的空间制作物品。再没有比这更让自己感到幸福的礼物了。

选择自己最喜爱的颜色和花纹, 做一个杯垫。然后在上面放 一个温暖的杯子, 悠闲地喝杯咖啡吧。哪怕手艺不精, 哪怕上面只有一个简单的圆也没关系, 毕竟这是亲手为自己而制作的特别礼物。

制作法式风情的
亚麻布

长方形橡皮章的制作十分简单，只需根据自己想要的粗细将长方形橡皮砖整齐地切下即可。当我们将它连着盖一列时，就出现一条直线了。

在极具自然风情的白色亚麻布上，连着盖上几个红色的长方形橡皮章，然后再在它的上方画一条细细的直线，它就像法式亚麻布那样，别具风情了。制作方法简单，但用途广泛。此外，深蓝色或深褐色也是很不错的选择哦。

◇◇◇◇◇◇◇◇◇◇◇◇
连盖长方形橡皮章
◇◇◇◇◇◇◇◇◇◇◇◇

准备物品：橡皮砖、织物染料、海绵、纸（两面纸或报纸）、薄刷子、纯色亚麻布、电熨斗。

1. 将橡皮砖切成一个四方长条。

2. 在准备好的亚麻布上，距离边缘30mm处画一条直线。

3. 用充分浸润织物染料的海绵均匀轻拍长方形橡皮章表面。

4. 在亚麻布上沿直线盖宽约5mm的章。

5. 从亚麻布的一边连着盖章，直到另一边尽头。

6. 用薄刷子在刚才盖好的上方画出一条平行直线。

7. 静置三十分钟左右。待其自然干燥后，用电熨斗熨平整。

TIP： 　用织物染料盖章时，要在下面垫层纸，不能让亚麻布直接接触桌面。因为一旦染料沾到桌子，干了之后就无法清除，故操作时一定要小心！选择布料时，尽量以不缩水的水洗面料为主。这样就不会有完工后却发现尺寸不够的糟事了。

我的三角形
专属T恤衫

只要试着找一下，你就会发现自己还有很多没穿过的，或者是闲置的纯色衬衫。
不如我们在这些穿之无味、弃之可惜的T恤上盖一些简单的图案，例如三角形、
正方形或圆形，给它们来个形象个性大变身如何？

当然，我们也可以选择那些在衣柜中沉寂了几年、皱巴巴或有些斑点的T恤。在
这些质地柔软的T恤被我改造成极具个性、独一无二的专属T恤时，我也体会到了
满满的小幸福。

准备物品：**橡皮章、织物染料、海绵、纸张（两面纸或报纸）、T恤衫、调色盘、电熨斗。**

1. 首先垫一层纸，或者是不用的布，将T恤铺开置于其上。

2. 将织物染料倒入调色盘，然后将海绵放入其中，让染料充分被吸收。

3. 用充分浸润织物染料的海绵均匀涂抹三角形橡皮章的表面。

4. 按照自己喜欢的方式在T恤上盖橡皮章。

（盖第二次时，最好将海绵重新放入调色盘浸润一次。）

5. 静置三十分钟左右。待其自然干燥后，用电熨斗熨平整。

虽然制作方法简单，但是它能够让自己感受到和买新衣服时一样的心情。

同时，还能够享受到自己亲手创作的快乐和开心，可谓一箭双雕！

给各式各样的T恤盖上自己喜爱的颜色和图案吧。

我们不仅可以用一种图案配一种颜色塑造简约风，

还可以将多种图案和多种颜色进行个性搭配。

不过最重要的还是：用简单的方法成功制作出新潮的T恤！

制作不同风格的的T恤！

TIP: 　如果T恤上有污点，我们可以在上面盖一个大小刚好能够盖住它的橡皮章。万一没盖好，我们还可以重新盖一个面积更大的。盖章时要注意利用手掌，垂直均匀地用力，同时手不要左右晃动。切记！

用基本图形
制作盘碟

让我们用个性橡皮章来装饰空白碟子，让它不再乏味吧。

说到在碟子上盖橡皮章，没准大家一开始会觉得奇怪，并且担心操作起来会不会很难？图案会不会很快被抹掉？颜料会不会沾到食物上？

但有一种"瓷器染料"，不仅不会被抹掉或沾到食物上，而且制作方法还十分简单。我们只需在盖完橡皮章之后，将其放入烤箱或吐司机内烘烤一下即可。

◇◇◇◇◇
装饰盘碟
◇◇◇◇◇

准备物品：橡皮砖、瓷器染料、海绵、空白碟子（选用表面不太光滑的）、烤箱或者吐司机。

1. 用热水将碟子洗干净，自然晾干，然后用干净毛巾擦除碟子表面的杂质。

2. 将瓷器染料倒入调色盘，用海绵充分吸收染料。

3. 用吸收染料后的海绵均匀涂抹橡皮章，然后在碟子上盖几个橡皮章作为
   装饰。

4. 将碟子静置三十分钟左右，让其自然干燥。最后，将碟子放入预热160
   摄氏度的烤箱或吐司机内，烘烤三十分钟左右。

用作展示品也不错哦！

TIP： 瓷器染料使用的是法国贝碧欧（Pébéo）的产品。
如果碟子表面过于光滑，盖章时就颇为困难。因此，我们最好尽可能使用表面
有些粗糙的碟子。此外，盖章时如果手掌过于用力，则可能会因碟子表面光滑
而产生图案重叠的情况。这时我们最好使用手指来操作。
将烘烤过后的碟子从烤箱内拿出来时，小心烫手！

将画布放入画框
作为装饰

让我们用前面制作的圆形、水滴形、长方形橡皮章来制作自己的个性画布吧。选择自己喜爱的颜色，涂上织物染料。盖章时可遵循一定的规则布局，也可以天马行空随意发挥。

当然，你可能会觉得市面上漂亮的画布也有很多，自己做比较麻烦。

但是，和成品的生硬感不同，自己亲手做的画布能让人有归属感，让人感到温暖。

其实制作一个简单图案的画布就够了。我们可以将它放入闲置的画框，挂在空荡荡的墙上。就这样，一件怀旧的装饰物就诞生了。

给画布盖上水滴模样的橡皮章

准备物品：橡皮章（尺寸为40～60mm）、织物染料、海绵、盖章试用纸（两面纸或报纸）、水洗亚麻布或棉布、调色盘、电熨斗、画框。

1

2

3

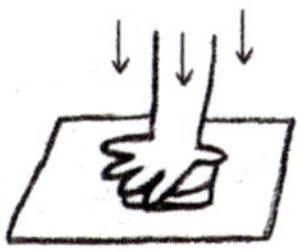

用手掌～按！

4

5

1. 将织物染料倒入调色盘，用海绵充分吸收染料。

2. 用充分吸收了染料的海绵均匀涂抹水滴橡皮章的表面。

3. 用手掌将橡皮章稳稳地盖在水洗亚麻布或者棉布上。
   （还可以用成面和成线的混合盖法。）

4. 放置30分钟左右，使其自然干燥。最后熨平整。

5. 找到合适的画框，将其放入即可。

TIP: 画框的制作方法请参考P130～133。

制作用来装饰
靠垫的图案布

用类似素描图案的橡皮章点缀织布料的过程远比想象中有趣，因为你可以随心所欲挑选自己喜欢的颜色，按照自己的意愿制作出各种各样的作品来。这些织物可以用来制作简单的靠垫、柔软的床上用品……

只要我们好好利用它，就能够打造出一个气氛温馨、个性独特的空间来哦。

橡皮章连盖布料制作

准备物品：橡皮章、水洗亚麻布或棉布、织物染料、海绵、调色盘、练习用布、尺子、电熨斗。

1. 将织物染料倒入调色盘，利用尺子在布料上画出基线。

2. 用海绵充分吸收织物染料，然后将染料均匀涂在橡皮章上。

3. 在小块或废弃的布片上先试着练习盖上几次。

（橡皮章每使用两次左右，就需要重新沾一次染料。）

4. 确定连续盖橡皮章的方向，并沿着之前用尺画的线盖章。

5. 放置三十分钟左右，使其自然干燥，最后用电熨斗将织物熨平整。

T I P : 整齐盖好一行的诀窍

没有信心盖好一条直线时，提前用尺子标出直线，再沿线进行操作。

a. 为了使织物图案看上去更自然，到最尾端时，哪怕橡皮章有一部分盖到了织物之外，也要确保图形的完整。

b. 如果第一行从头盖到尾，那么在盖下一行时，尽量让每个图案的位置在上一行的两个图案之间，形成交错的构图。

◇◇◇◇◇◇◇◇◇◇
制作手缝靠垫套
◇◇◇◇◇◇◇◇◇◇

准备物品：盖过章的布料（1140mm×490mm）、线、针、剪刀。

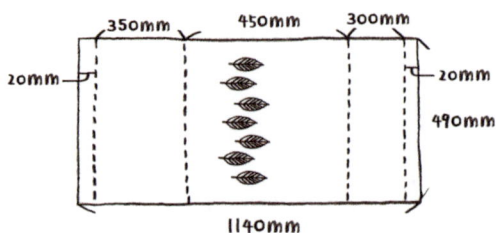

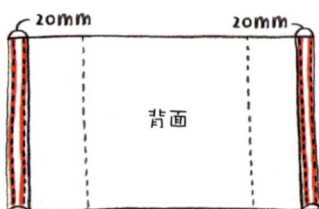

1. 准备一块长1140mm、宽490mm的布料。

2. 将左右两边分别向内折叠约20mm，粗缝。

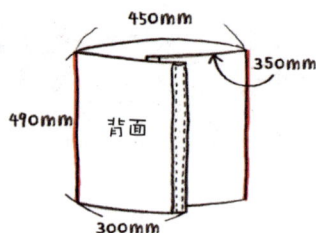

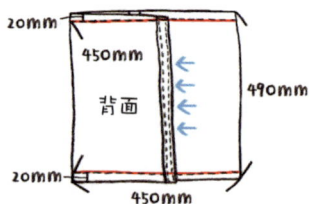

3. 将三面如图所示折叠。

4. 上下各留约20mm的缝份，缝合严实后，沿图中所示的箭头方向，将手放入，翻回靠垫套正面。

Point

越是经常清洗的物品，越要缝得严严实实。
靠垫套内的棉花容量为450mm×450mm。靠垫棉在东大门市场或一般的布匹专卖店里就能够轻易买到。

选择制作靠垫的布料时，首先请留意一下家中沙发和门窗的形态。
若家具或房屋构造复杂，就最好使用纹样简单的布料。
相反，如果家具或房屋构造简单，则选择纹样稍微复杂的布料更加合适。
倘若家具和房屋构造都复杂，那么空间看上去可能会较窄，或氛围让人感觉较松散。
这时，请一定要好好把握既存的空间，尽量营造一种静谧的氛围。

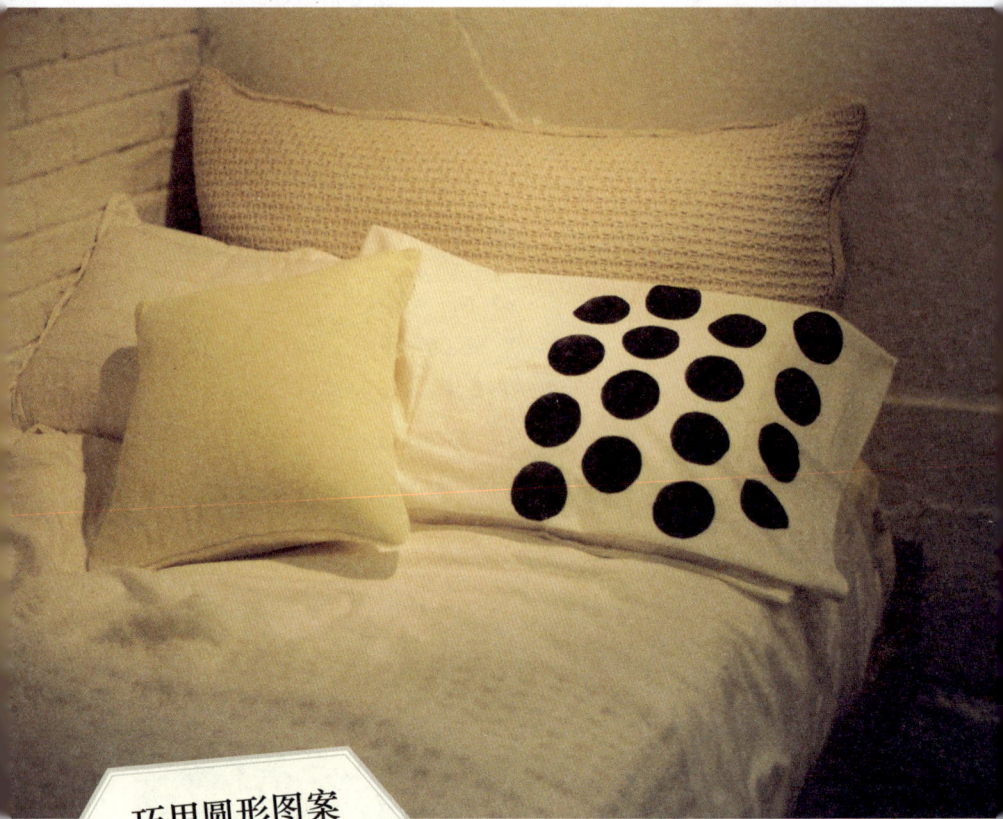

巧用圆形图案
打造时尚枕套

卧室的环境最好简单而温馨。因为在这个地方，你不仅可以在晚上好好整理一天下来混乱的思绪，还能偶尔在白天躺下来，发发呆，做做白日梦呢。

能让身体和心灵同时得到休息的地方，不就是这里吗？而且，如果我们有这样一张床，能够让我们在睡觉之前，躺着阅读一节小说或看上几页漫画，并让它们和自己的心一起慢慢柔软、融化……该有多好！为了实现这个梦想，我们做个简单的枕套吧。只需一个圆形橡皮章，就能够做出哪里都买不到的时尚枕套哦。

准备物品：**已盖章的布料（1540mm×450mm）、线、针、剪刀。**

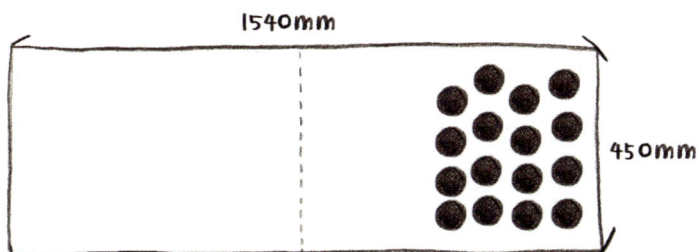

1540mm

450mm

1. 准备一块长1540mm、宽450mm，已盖有圆形橡皮章的布料。

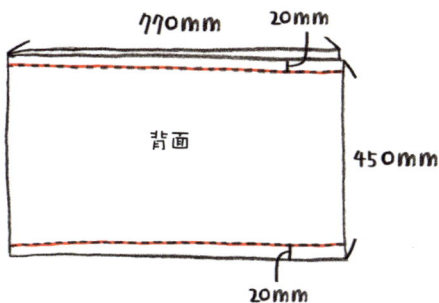

770mm   20mm

背面

450mm

20mm

2. 将布料对折，盖有橡皮章的那一面朝内。

3. 上下各留约20mm的缝份，缝合严实。

4. 从侧边的返口翻回正面。制作完成！

TIP： 注意要充分利用布料线头不散的那一边，以便顺利收尾。此外，该枕头所使用的棉花容量为400mm×580mm。

part2.

忘卍
成为文具店主人的那一天

用我的双手制作专属于

我的个性文具

A wonderfully refreshing and
flavoursome blend of tea,
making a traditional-tasting
cup of tea for all occasions.

Brewing Instructions
Brew for 3-5 minutes.
Add milk to taste.

小时候，我看着成堆的笔记本、玩具、颜料和铅笔，就梦想自己将来也能开一家文具店。偶尔，我还会自己一个人发发牢骚，为妈妈不是文具店老板娘而备感失望。甚至到现在，已经长大成人的我都还会一边做着画室主人的梦，一边傻傻地笑出声来。

我很喜欢文具店或画室里分类陈列的纸张和铅笔，还有本子等等。我喜欢在本子上信笔涂鸦，也喜欢在什么图案也没有的空白本里贴上从报纸上剪下来的照片或自己喜爱的针织物件，享受这个重塑本本的过程。只要有几卷胶带、几张好看的图片，我就能制作出世界上独一无二的、我自己的专属本本。

在这个本本里，我可以随意涂鸦，写出优美的文字，抑或记录过往的珍贵瞬间。短短几年间，我就已经收集了数十本。随着时间的推移，每当我回头再翻看这些本子，就会感到无比幸福。如果它们不是我亲手制作的，会不会有这种乐趣就不得而知了。现在看这些本本，有时会觉得自己几年前的想法和涂鸦很幼稚，但偶尔也会受到一些启发。甚至有时还会意外发现自己很久之前放进去的剪报资料竟然重新流行，又成为了我现在所需要的素材。

不止这些本子，就连以前制作的小物件也是这样。有时，我也会笑着感叹：当时我还做了这个啊！这个也做出来了，真新鲜！噢，连这些也都做出来了啊！或许，我那个关于文具店主人的梦想无论是在儿时还是现在都没有改变过。因为从那时开始，直到今天，我都在一直不停地制作着像这样满载故事的小物件和本本呢。

制作精致的
包装用品

有时候，普通的纸袋或标签盖上橡皮章之后，就会变成精致而漂亮的包装品哦。
我曾经运营过一家名为"咖啡物语"的咖啡馆，那时我就常常用这个方法来做包
装。虽然它们看上去似乎没有什么特别之处，但我清楚地记得人们收到它时高兴
的表情。有时给熟人送自己亲手制作的泡菜或果酱时，我也会给包装纸袋盖上橡
皮章、贴张贴纸或针织图案什么的。
你也怀着某种情感，尝试做一个虽简单却满含诚意的包装吧。将礼物和它一并递
给你所珍惜的人，相信他能够感受到这里面蕴藏的那颗真心。

用橡皮章制作包装用品

准备物品: 纸袋、油性印泥、橡皮章、纸标签、
胶带、贴纸、棉胶带、包装袋、线、其他纸质的包装用品。

制作方法没有什么特别，只需用油性印泥均匀沾染橡皮章，然后将橡皮章盖在要用的包装用品上即可。我们根据自己喜欢的方式，拿自己喜爱的橡皮章在纸袋、棉胶带、纸质标签或贴纸上盖过之后，还需静置三十分钟左右，以便其自然干燥。

包装

将礼物放入纸袋，用包装带系好，
然后再用胶带封住绳子或纸标签即可。

TIP: 必须使用油性印泥，这样图案才不会被水浸湿。
所有材料都能够在烘焙包装用品店里买到。

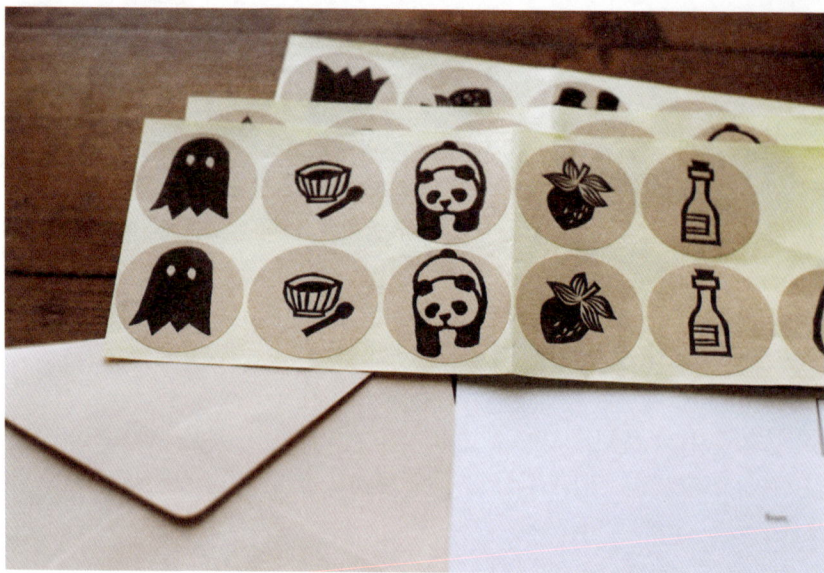

◇◇◇◇◇◇◇◇◇◇
巧用橡皮章贴纸
◇◇◇◇◇◇◇◇◇◇

试着在空白贴纸上盖橡皮章，制作百分百的个性贴纸吧。它们不仅可以贴在包装纸上，还可以巧用在其他很多物件上，让那些原本平淡无奇的小东西也开始夺人眼球哦。

此外，我们还可以将它贴在普通的笔筒、窗台的花盆和日记本上，这样，它就能够以各种形式大放异彩了。

收礼固然开心，不过送礼的快乐也绝不会少，不是吗?

当我们看到收礼之人脸上洋溢的快乐，

想必也会情不自禁地微笑吧。

尤其是当礼物的包装并非普通常见的款式，

而是完美融合了我的专属表情和细心体贴时，

这种快乐，光是想想就来劲儿呢。

作为装饰的
两本笔记本

哪怕我们只将上面画有图案的笔记本放在小搁板或桌面上，它都是一个非常酷的小装饰，更不用说我们每天还可以在上面整理一天的日记，或做一些有趣的笔记了。下面我们来制作一本印有让人看见就想咬一口的诱人红苹果和一本印有葱翠树叶、让人身心为之一振的浪漫笔记本吧。

◇◇◇◇◇◇◇◇◇◇◇◇
制作苹果笔记本
◇◇◇◇◇◇◇◇◇◇◇◇

准备物品：空白笔记本、布料、海绵、调色盘、织物染料（红色、草绿色）、橡皮章、胶带。

1. 将织物染料放入调色盘。

2. 在海绵上蘸取草绿色染料，将其涂在橡皮章的苹果蒂部位。用另一块海绵
蘸取红色染料，将其涂在苹果部位（将海绵分成两块分别使用更为方便）。

3. 在面积比笔记本稍小的布料上盖橡皮章。

（面积越大的橡皮章，越要用手掌均匀地多按几次。）

4. 让其自然干燥30分钟左右，然后熨烫平整。

5. 用胶带将布料粘在笔记本的封面上。制作完成！

还可以用来点缀窗帘哦！

TIP：　我们还可以用这种大的苹
果橡皮章来点缀窗帘。只需在空白水
洗亚麻布或窗帘上"啪"地盖上一列
就行了，简单吧？

055

这是一本简单的，但能让人感受到特有手艺的笔记本。
有着华丽颜色和花纹的笔记本固然很多，
但它们终究无法取代这个承载了制作记忆的笔记本。
将它斜靠在搁板上，这时就连著名画家的画作，我也不会羡慕了。

◇◇◇◇◇◇◇◇◇◇

制作树叶笔记本

◇◇◇◇◇◇◇◇◇◇

准备物品：空白笔记本、油性印泥、橡皮章。

这次我们可以直接将橡皮章盖在笔记本的封面上。制作方法十分简单，只需在大小、形状适合的空白笔记本封面上均匀盖上沾有油性印泥的橡皮章即可！无论是盖成一列的形状，还是只在某个角落盖上一个图案，看上去都很美观。

茶杯,
纸垫

当我们在买来的各种空白产品上盖上亲手制作的橡皮章,它就成为了弥足珍贵的物品。方法也很简单,只需描画出自己想要的图案并制作橡皮章,然后选择喜爱的颜色,再将橡皮章盖在该物品上即可。纸质茶杯垫适合送给喜欢在家中喝茶或品咖啡的人。针对收礼人的喜好选择性地制作橡皮章,在纸垫上盖好章后,再将它放入之前所做的礼品袋内一并送出,如何?

准备物品：空白纸垫、油性印泥、橡皮章、清漆。

1. 在橡皮章上均匀沾染油性印泥，并将其盖在空白纸垫上。

2. 将纸垫自然干燥约30分钟即可使用。

3. 再在纸垫正反面各涂一层清漆，纸垫就能使用很久。

TIP： 只有使用油性印泥，纸垫才不会被水浸湿而使图案晕开。

CAFE EYAGI

制作彰显自己个性的
橡皮章名片

要想将一盒名片全用完，还真心不容易，除非你的职业需要你和很多人见面。不过，对于像我这样的自由职业者或其他不用见很多人的职业者来说，往往在一盒名片全部用完之前，电话号码或住所就会有所变化。有时一盒名片用了很久之后，它的设计看上去还会给人一种陈旧过时的感觉。

于是我就想，与其这样，还不如慢慢制作一些能彰显自己个性，并可以根据实际情况来使用的名片呢。久未谋面的老友或同窗、职场上的同事或对手，甚至邻居或网友，我们根据不同的对象分别给他们递上设计迥异的名片，不是很有意思吗？

制作个性满满的橡皮章名片

准备物品：**名片用纸、油性印泥、橡皮章。**

1. 在橡皮章上均匀沾染油性印泥，并将其盖在名片用纸上。

2. 选择喜爱的图形，按自己想要的方式盖橡皮章。然后用油性笔写上自己
的住所和电话号码。（既可以充分利用正反两面，也可以只使用其中一面。）

3. 静置30分钟，让其自然干燥。

要自然干燥哦！

TIP： 名片用纸不仅可以用于制作名片，还可以花点心思将其装饰成小明信片当
作礼物送出去呢。

从夏威夷飘来的
卡包

试着亲手做一个每天都会用到的卡包如何?

只需制作图形简单可爱的橡皮章,用它的图案点缀亚麻布即可。

卡包用途很广,我们既可以将咖啡店或商店的积分卡放进去,也可以将交通卡放进去并将其挂在挎包前方。有时候,将名片放进卡包,待聚会时再拿出来也不错哦。我最喜欢用上面印有明朗花纹的在世上独一无二的卡包来表现我独有的个性和形象。

制作卡包

准备物品：亚麻布（360mm×80mm）、垫纸（100mm×55mm）、织物染料、橡皮章、针、线、剪刀。

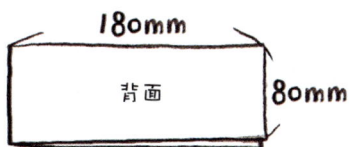

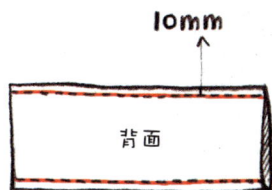

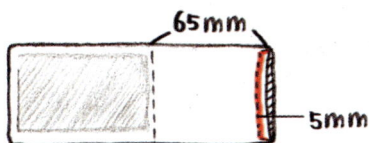

180mm

背面

80mm

1. 将准备好的亚麻布对折。

10mm

背面

2. 上下各留10mm的缝份，将其粗略缝制后，将里侧翻到外边来。

65mm

5mm

3. 将垫纸放入已翻转过来的亚麻布袋中，将袋口朝里折叠5mm并缝合缝份。

65mm

4. 在距一头约65mm处进行折叠，并缝合上下两边，最后在表面盖上已经制作完成的橡皮章。

T I P： 将制作完成的卡包贴在墙面上，则会起到很好的装饰作用。有时候，我们还可以将发票和贴士纸也放进去。垫纸可以去卖布料的商店里买。

因橡皮章而变得特别
的文件收纳盒

在工作过程中，参考书、速写本还有剪报资料等都会不时冒出来。这样的资料大部分都比普通书籍大，因而放不进普通的书架。因此，这些随时有可能拿出来使用的物品还是另加保管比较方便。而此时使用起来最便利最稳当的，就要数文件收纳盒了。不过，与其去买商店里设计平淡无奇的盒子，还不如自己试着制作出能够体现自身品位的特别的文件收纳盒呢。

它不仅能使桌面看上去整洁干净，还能起到意外的装饰效果哦。

◇◇◇◇◇◇◇◇◇◇◇◇◇◇◇◇◇◇◇◇◇◇◇◇◇◇◇◇◇◇
制作印有橡皮章的文件收纳盒
◇◇◇◇◇◇◇◇◇◇◇◇◇◇◇◇◇◇◇◇◇◇◇◇◇◇◇◇◇◇

准备物品：空白文件收纳盒、油性印泥、橡皮章、纸（报纸或两面纸）。

1. 在橡皮章上均匀沾染油性印泥，并将其盖在空白文件收纳盒上。

2. 排列方式既可以沿着特定方向盖一排，也可以随意改成"之"字形。

   （既可以盖满一整面，也可以只盖其中一部分。）

3. 盖到边沿部分时，先在盒子下面垫一层纸，然后在尾部也盖一个完整的图形。

4. 静置30分钟左右，让其自然干燥。

TIP： 买深色文件收纳盒，然后使用浅色印泥在上面盖橡皮章也会很漂亮。图中所使用的空白文件收纳盒购自宜家（IKEA）家居。

儿时的记忆
小熊卡片

儿时当宝贝一样收集起来的便贴纸、卡片、明信片和信件，如今已装了满满一大盒。童年的画作有些已经变得模糊，上面的字都挤在一块儿，还有拼写错误。但我每次想到它们，都会将它们重新拿出来看看，然后再次沉浸在回忆里。那会儿，我和小伙伴们亲手制作出一张张可爱的小卡片互相赠送，这是一段多么幸福的童年时光啊！

它们在现在看来是那么微不足道，但当时的我是如此感谢小伙伴们的真诚，将礼物一路用双手紧紧握住，回到家并将它们小心翼翼地放进只属于我自己的宝物箱中。那份细致微妙的感情，有保留至今吗？我不知道。

尘世间的风是不会将我曝晒成明太鱼干的。

暂时将橡皮章放在一旁，我们试着再回头制作那张模样虽小，却曾在一段珍贵时光里感动过我们的、可爱的小熊卡片吧。

准备物品：深颜色彩纸、彩纸、A4纸、剪刀、胶水、铅笔或彩铅。

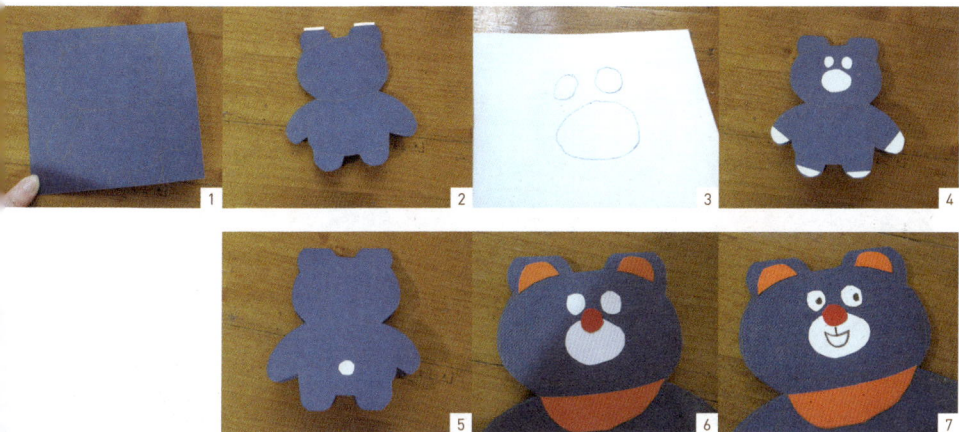

1. 将正方形彩纸对折。

2. 用铅笔在对折的一面描出小熊模样，并用剪刀剪出图形。注意折叠的耳朵部分（白线标识）要相连。

3. 用铅笔在A4纸上画出眼睛、嘴巴、手、脚和尾巴，并将它们剪下来。

4. 用胶水将剪好的纸片粘在卡片的相应位置。

5. 用胶水将圆圆的尾巴贴在背面。

6. 在彩纸上画出耳朵、鼻子和颈部，并将它们剪下来贴在卡片的相应位置。

7. 用彩色铅笔画出小熊的眼睛和嘴巴。制作完成！

TIP： 对折彩纸能使卡片制作好后竖立起来，但如果纸张太薄就无法做到了，因此要注意。此外，我们还可以为孩子们制作小猫、大象等其他图形的卡片哦。如果彩纸是深颜色的，那么在卡片上写字时请使用白色的笔芯。

色彩斑斓的彩纸
插画明信片

这一次，就让我们来做小时候用彩纸折过的简约趣味明信片吧。

现在的彩纸和以前只一面有颜色的薄彩纸不同，它两面都有颜色，而且种类也比以前多。此外，它的纸质也比以前柔软，色彩也更鲜明。

尽管纸张不一样，但记忆里的彩纸还是一样让我们感到快乐。小时候，我很讨厌将四四方方整整齐齐的纸裁剪成一块块。我很清楚地记得自己当时还因为犹豫将这些纸留下还是扔掉苦恼不已。这种优柔寡断的性格到现在都没变。最近，我仍然在为是将裁剪好的一块块布料留下还是扔掉而烦恼着。不过手艺再不济，要剪出一个简单而有魅力的明信片还是没有问题的。所以，我们暂时让自己回到童年，剪彩纸，顺便好好回味一下那时的心情吧。

如果真要说出有什么不同，那就是当年觉得如此硕大的剪刀如今刚好合手了吧。

制作雪人插画明信片

准备物品：明信片用纸，或已剪裁成明信片大小的纸、彩纸、剪刀、胶水、铅笔或者彩铅、胶带。

1. 选择自己喜欢的颜色，将长方形彩纸对折，然后再对折一次。

2. 用铅笔在对折两次的彩纸上画出雪人的模样。

3. 沿着铅笔线进行裁剪。（由于彩纸正反面颜色不同，因此我们可以剪出两种颜色的四个雪人。）

4. 用胶水将雪人图案贴在明信片中自己喜欢的位置，并用草绿色彩纸和胶带对其进行装饰。

5. 用铅笔或彩色铅笔画出雪人的眼睛、嘴巴和下雪的场景。制作完成！

TIP： 直接使用明信片用纸可避免繁复的剪裁过程，在文具店就能轻易买到。如果我们将彩纸折叠几次，就可以一次得到多个图形。但要注意，若折叠次数过多，纸张变厚，裁剪时就会比较困难，这样最终剪出的彩纸也许就没那么漂亮了。

欢迎到咖啡馆般温馨的家来做客

制作小区附近咖啡馆里的趣味小物件

或许每一个喜欢去咖啡馆的人都曾经有过将自己最喜爱的咖啡馆原封不动转移到自己家中的想法，哪怕只是将其中一部分的室内设计转移过来也行。这样当我们在家里喝平价的袋装咖啡时，没准会将它想象成咖啡馆的卡布奇诺呢。

为什么我们会觉得咖啡馆的咖啡如此香醇？为什么在咖啡馆里看书时，书中的内容会齐刷刷都进入了大脑？为什么在咖啡馆内寂寞回荡的音乐，会如此拨动我的心弦？每当我坐在自己喜爱的咖啡馆内，总会冒出这样的疑问。也许是因为，咖啡馆和家不同，是个完全陌生的空间，因此在这里人的精神会格外集中；又或许是因为，这里有别具一格的桌椅，整理得齐齐整整的书籍，擦拭得干干净净、排列得整整齐齐的餐具，还有精心挑选过的背景音乐吧。

我经常去咖啡馆，一面品尝滚烫的美式咖啡（Americano），一面上下打量店堂内的时尚女性，同时慢慢品味咖啡馆内的氛围。看看那张做工貌似和宽桌子并不搭调的椅子，挂在洁净墙面上那张洋溢着想象力的画作，散发着浓郁咖啡香气的地板，还有那笼罩在室内的黄色灯光……我的眼睛仿佛在进行着一次愉快的旅行。

我经历过的最愉快的视觉旅行是在釜岩洞的Demitasse，尽管那里是个一眼就能从天花板到地板看上几个来回的小空间。从看上去已有些年岁的瓦屋顶下走进去，再沿着窄小陡峭的木楼梯走到楼上，就会看见从窗户射进的日光和挑开挂在两旁、有如小孩脸蛋一样清透婆娑的窗帘，它们仿佛在迎接着我的到来。此外，占据了这个空间的三分之一、被主人摆放得整整齐齐、颜色样式各异的北欧餐具也让我为之心动。

放置在各个角落的餐具，即使单独摆放，也是非常漂亮的装饰。

我喃喃自语："头疼时，将生姜、柠檬放入巧克力色的简约派厚杯子里兑些蜂蜜泡水喝很有效果"，"用带有致密黄花纹的经典杯子泡杯香草茶也很是惬意"。这些看似无心钩挂的窗帘、精心摆放的杯子，或摆放得参差不齐的靠垫，哪怕只转移一样到我家如何？合适吗？会不自然吗？我一边喝着咖啡，一边为这些问题而烦恼着。要将这些让我快乐的元素转移到家里，其实并不用庞大复杂的工程，只需几个简约的靠垫，或用来点缀窗户的窗帘即可。这种细小而简单的工作其实很有效果，不妨试试吧。哪怕只是一坪的小空间，也同样可以创造出一个适合自己读书、画画、喝咖啡的专属角落。不要小瞧它，这也许就是一个室内装饰的开头哦。

首先，我们要考虑一下和自己家中风格相配的花纹和颜色。然后，我们将花纹描绘出来做成橡皮章，利用橡皮章印出大方自然的花布。在这个环节，可以根据自己喜欢的排列方向和颜色制作出无数不同的花布哦。我们就利用这些花布，从简单的窗帘做起，到柔软的床上物品，来营造和咖啡馆一样温馨的家吧。

此外, 在炎热的夏天, 我们可以在白色亚麻布上盖深绿的树叶, 制作自己的专属环保袋; 在寒冷的冬天, 我们可以在藏青色棉布上盖洁白的雪人, 制作和圣诞相配的窗帘。我们还可以根据自己的喜好, 将布料剪裁一下, 再将四边线条缝合起来。这样三下五除二, 一张漂亮的桌布就做好了。

颜料稍微露出来一些又如何? 针线活儿稍显生疏又怎样? 其实, 这些不同于用机器排列的针法和样式反而会让人觉得更加自然、更加漂亮。因为我们的温度和情感在制作过程中也原封不动地渗入了其中。

好了, 那就从现在开始, 试着营造一个像咖啡馆那样能够传递温馨情感的只属于我们自己的小窝吧。

印有勺子图案的茶托

相信没有什么东西能像茶托那样，制作方法简单，但作用巨大。

我们可以选择不同材质的布料来制作好几种茶托。这样就可以在休闲的下午茶时间沏一壶茶，或喝一杯咖啡，同时还享受一下挑选茶托的乐趣。

这想必是一种快乐的烦恼吧。今天，我选择的是一种上面印有可爱勺子图案的茶托。

制作亚麻布茶托

准备物品： 印有橡皮章图案的亚麻布（240mm×110mm）、线、针、剪刀。

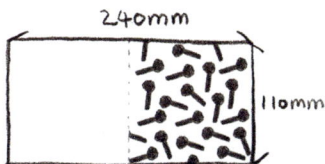

240mm / 110mm

120mm / 110mm

1. 准备印有勺子图案的
亚麻布。

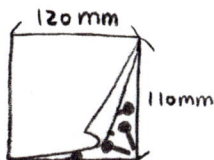

2. 将亚麻布对折，有图案的一面
朝内。

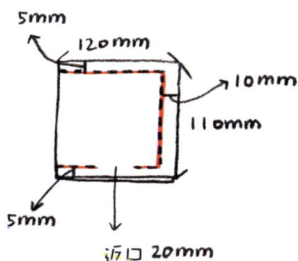

5mm / 120mm / 10mm / 11mm / 5mm / 返口 20mm

110mm / 110mm / 缝合

3. 缝份分别留5mm、10mm，
返口处留20mm，进行缝制。

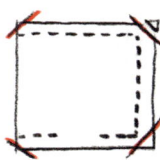

4. 适当剪去四角。

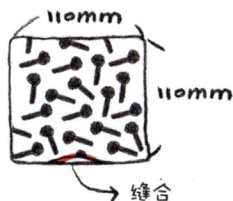

5. 将图案面翻回正面，
整理好边角部分，用
线缝合返口。制作
完成！

TIP： 如果觉得很难缝得均匀细致，想简单一点，
那么缝份处稀稀拉拉粗略缝一下就行。此外，茶托形
状也不一定非得正方形不可。不过，最后缝合返口的
时候，最好还是用小针脚认真缝，这样之后洗涤的时
候线头才不容易散开。

法式
亚麻餐布

我们用在Part1中制作的、连盖长方形橡皮章的亚麻布（P.30）来制作餐布吧，制作方法与前面茶托的相似。哪怕是相同的碗、相同的小菜，当它们下面垫了一层餐布后，就会让人觉得自己正置身于咖啡馆享用美妙的早午餐一样。至于餐布的大小，其实我们无论做得比家中桌子稍微大一些还是小一点都没有关系。在多人一起用餐的场合，使用统一的餐布能烘托出庄重的气氛。不过，如果每个人餐布上的图案都不相同，也是一件很有趣的事哦。

◇◇◇◇◇
制作桌布
◇◇◇◇◇

准备物品：盖有橡皮章的亚麻布（240mm×320mm）、线、针、剪刀。

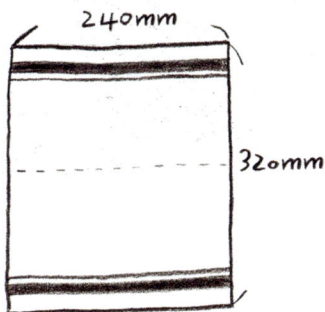

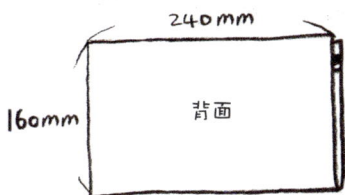

240mm

320mm

1. 准备印有橡皮章图案的
正方形亚麻布。

240mm

160mm

背面

2. 将亚麻布对折，有图案的
一面朝内。

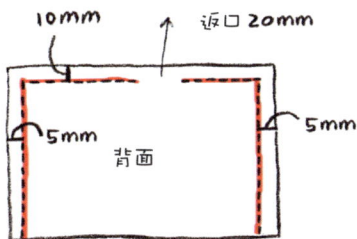

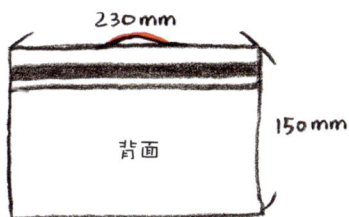

10mm　　↑返口20mm

5mm

背面

5mm

3. 缝份分别留5mm、10mm，
返口处留20mm，进行缝制。

230mm

背面

150mm

4. 适当减去四角，将有图案的
一面翻到外边后，用线缝合
返口。

北欧式
围裙

午饭吃得很晚，橱柜的一头堆着一摞空碗。

洗碗真是枯燥！这时要是有一条能让心情放晴的漂亮围裙，那该有多好啊！

尽管围裙不能改变洗碗的事实，但它的服帖触感和明朗花纹却能够将烦恼一扫而空。此外，在画画、盖橡皮章、做大扫除或其他家务的时候，如果围上一条心仪的围裙，不是也能让事情本身变得有趣起来吗？

准备物品：水洗白布（1100mm×450mm）、头绳（900mm×25mm）、盖有橡皮章图案的布片、织物胶水、熨斗、线、针、剪刀。

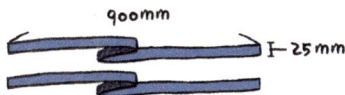

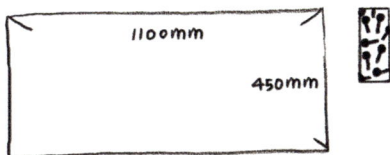

1. 准备水洗白布和盖有橡皮章的布片。

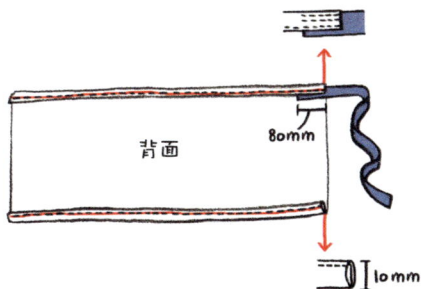

2. 将水洗白布上下均朝内折10mm，各折两道，熨平后，如图将头绳朝里放入80mm，然后将白布和头绳缝在一起。

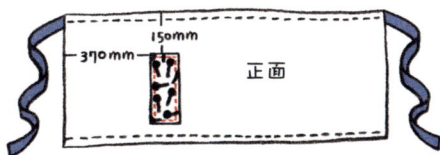

3. 在离上边150mm，左边370mm处，用织物胶水将针织布片粘在水洗白布上，然后将两者缝合。

TIP： 我们既可以使用上面满是花纹的围裙，也可以像上文所介绍的那样，只制作一小块点缀的布片，将它缝制在自己喜欢的部位。我们还可以先做好围裙，然后再在上面盖橡皮章。

"咖啡物语"歇业后，在我身上发生的最大变化之一
就是饮食习惯了。由于饮食不规律，我精神疲惫，
健康也随之亮起了红灯。于是，我决意开始素食主义的生活，
打算亲手制作各种对健康有益的食物。
一段时间后，我似乎慢慢对厨房用品感兴趣了。
围裙、茶托、桌布，全部亲手制作，
这样在用餐时，我就能感受到较之以前两倍的快乐。
在阳光灿烂的日子里，将亲手做的食物放在漂亮的桌布上，
洗碗时围上可爱的围裙，
垫一个酷酷的茶托，喝一杯爽口的清茶……
你若亲身经历过，就会知道做这些事情时有多么快乐了。

准备几种不同图案的桌布，并随着季节、天气或
心情的变化进行更换。这就是点滴的快乐！

柔软的
树叶纹样的手帕

如果你觉得所有的东西都由自己亲手做很有负担，也可以在既存的东西上加一些自己风格的印记哦。例如那些物美价廉的手帕，其实在超市或网络商店里就能够买到。我的手帕就是在宜家（IKEA）网店花900韩元买来的。买来之后，就这样用也行，不过如果在上面盖些橡皮章，它就是世上独一无二的了。我们既可以将它挂在厨房的一角，待到提滚烫水壶的时候使用；也可以将它垫在杯子下面，当做下午茶的餐布使用。

制作树叶图案的手帕

准备物品：空白手帕、树叶图案的橡皮章、织物染料、海绵、调色盘、电熨斗、纸。

1. 在桌面垫一层纸，将染料放入调色盘。

2. 用海绵沾取染料之后，将其放在树叶图案的橡皮章上均匀拍打。

3. 沿着水平线在手帕上盖一行倾斜的树叶图案。

4. 放置30分钟左右，让其自然干燥，最后熨平整即可。

TIP: 待到手帕自然干燥，再将其熨烫平整。这样上面的树叶图案就不会褪色了，洗手帕时大可放心！

准备物品： 白手帕、花瓣图案的橡皮章、织物染料、海绵、调色盘、电熨斗、纸。

1. 在桌面垫一层纸，将染料放入调色盘。

2. 用海绵蘸取染料之后，将其放在花瓣图案的橡皮章上均匀拍打。

3. 沿着水平线在手帕上盖花纹图案。

4. 第二行的每一朵花都盖在第一行的两朵花之间，即两行交叉来盖。

5. 放置30分钟左右，让其自然干燥，最后熨平整。

试着做各式各样的手帕吧。

就像前文所说，它不仅可以放在厨房使用，

而且在喝茶的时候也能够用到。如果手帕上的图案颜色华丽，

它还可以挂在墙上，成为一件出色的装饰品。

此外，还可以在它的两头系两根绳子，将它改造成围裙。

我们可以发挥自己的想象，发掘它各种不同的用途。

手帕真的很神奇！

还可以当围裙使用哦！

常常光顾咖啡专卖店的人一定知道，这绝对是一样值得去做的物品。

尽管有这样的想法，可也总觉得一次性杯子和杯套使用过后就扔掉着实太可惜。

虽然杯套可以回收利用让我的内疚感减轻了一些，但据说回收率其实也只有百分之七十而已。随身携带杯子很麻烦，不过，随身携带杯套就简单了。我们可以将它折叠之后放进书包，在学校或办公室必要时再拿出来使用。

杯套不仅能够让人联想到大自然，还能够让我们对杯子的感情也产生变化，我们又有什么理由不去制作一个呢？

◇◇◇◇◇◇◇◇◇◇◇◇

制作环保杯套

◇◇◇◇◇◇◇◇◇◇◇◇

准备物品：一次性杯套、亚麻布（相同大小的两片）、尺子、橡皮章、织物染料、海绵、调色盘、电熨斗、线、针、剪刀。

1. 取一片已经剪裁好、大小适中的亚麻布垫在一次性的杯套下面，并用尺子对其进行测量。
2. 将1中的亚麻布翻转过来，先用尺子标记出即将盖章的部位，然后沿着标记线盖橡皮章。
3. 放置30分钟左右，待其自然干燥后将其熨平整。
4. 已盖章的部分朝里，将两张亚麻布重叠并缝合，注意留20mm的返口。
5. 留出5mm的缝份，用剪刀裁剪齐整，再翻回正面，缝合返口。
6. 将其环绕在一次性杯子上，首先确定重叠的位置，然后将重叠处缝合。制作完成！

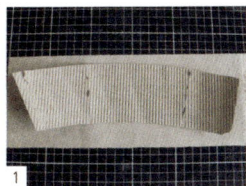

务必要准备一个环保杯套哦！

TIP： 如果杯子大小不同，请在杯套上安装一个活扣的尼龙带（又名尼龙搭扣带）。若亚麻布太薄，热度就会传到手上，因此请尽量选择较厚的布料进行制作。

印满简单图案的碟子

空白的碟子、杯子或灯具若使用次数过多，就会让人产生视觉疲劳。这时，试着在上面涂鸦吧。有时候，简单的果实、树叶、小鸟脚印和字母等反而比费尽心思画出的华丽图画更有个性。我们可以用瓷笔在碟子上画画，如果不满意，马上用热水抹去即可。在烘干之前，是可以进行任意改动的哦。

准备物品：瓷笔、不同形状的空白碟子、素描底稿、烤箱或土司烤箱。

1. 用热水将碟子擦洗干净，让其自然干燥，再用干毛巾除去它上面的杂质。

2. 摇晃瓷笔，打开笔盖，并用笔在纸上使劲按几下，直到笔中的颜料能顺畅
   流出来为止。

3. 对着素描底稿在碟子上进行简单描画。

4. 既可以在碟子的某个部位进行点缀式描画，也可以用图案填满整个碟子。

5. 画完之后，进行30分钟到1个小时左右的自然干燥。

6. 将其放入预热160度的烤箱或吐司烤箱，烘烤30分钟左右即可。

TIP： 将碟子从烤箱内拿出来时，小心烫手！瓷笔分粗细两种，上文图片中
使用的全都是粗笔。碟子沾染了杂质时，若在烘烤完成后才发现则比较麻烦，因
此，我们务必要先确保碟子干净，之后再进行制作。
我所使用的瓷笔是法国贝碧欧（Pébéo）烤干陶瓷马克笔，在贝碧欧官方网站
（www.pebeo.co.kr）上就能够买到。

制作是如此简单！所以我们快用各式各样的图画
来装饰单调的碟子吧。
这样就会在挑选与食物相配的碟子时，体验到各种乐趣。
当我们在大小、样式不同的碟子上使用相同的图案装饰，
就会有套装的效果。
当客人看到桌子上摆放得整整齐齐的相同图案的碟子时，
不是更能感受到主人对食物的那份心意吗？

不同形状，相同图案！套装感觉！

水滴滴答
陶瓷杯

我们拿家里的杯子解解闷儿如何？如果在两口杯子上画上同样的图案，但分别使用不同的颜色，就可以制作出独具魅力的套杯来哦。憨态可掬的大水滴，抑或幽幽闪闪的火光，自己选择，自由地画吧！

◇◇◇◇◇◇◇◇◇◇◇◇◇◇◇◇◇◇◇◇◇

在杯子上画画并烘烤

◇◇◇◇◇◇◇◇◇◇◇◇◇◇◇◇◇◇◇◇◇

准备物品：瓷笔、空白瓷杯（2个）、烤箱或吐司烤箱。

1. 用热水将杯子擦洗干净，让其自然干燥，再用干毛巾除去它上面的杂质。

2. 摇晃瓷笔，打开笔盖，并将笔在纸上使劲按几下，直到笔中的颜料能顺畅流出来为止。

3. 用笔在杯沿上画出一个个小圆点。

4. 仔细点画，让小圆点覆盖整个杯沿。

5. 画完小圆点之后，进行30分钟到1个小时左右的自然干燥。

6. 将其放入预热160度的烤箱或吐司烤箱，烘烤30分钟左右即可。

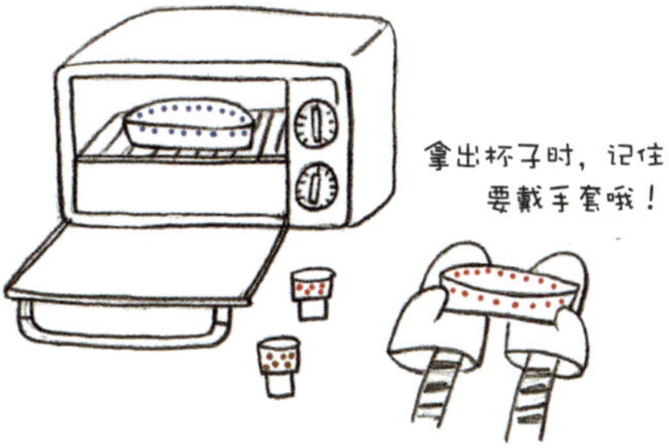

拿出杯子时，记住要戴手套哦！

清新的
樱桃马克套杯

无论在电影还是杂志中，但凡有樱桃图案的商品都能吸引我的眼球。樱桃图案的围裙、樱桃图案的锅、樱桃图案的手帕……不过要买下这类商品其实比想象中困难，因此我还是决定亲手制作。就制作一套满是春天感觉的情侣马克杯吧。

TIP： 我们只要有草绿色、红色、蓝色等颜色的原色瓷笔，就能够制作出色彩斑斓的餐具。若是有些空闲，还可以再准备一些褐色、黄色、淡绿色、黄色等不同颜色的笔哦。

制作清新的樱桃马克套杯

准备物品：瓷笔(红色、绿色)、空白马克杯（2个）、烤箱或吐司烤箱。

1. 用热水将杯子洗干净，让其自然干燥，再用干毛巾除去它上面的杂质。

2. 摇晃瓷笔，打开笔盖，并用笔在纸上使劲按几下，直到笔中的颜料能顺畅流出来为止。

3. 确定樱桃图案要放置的部位，然后用红色笔在杯子前、后、侧三面各画两枚果实。

4. 用草绿色的笔在果实上方画出叶子和树枝。

5. 进行30分钟到1个小时左右的自然干燥，并将其放入预热160度的烤箱或吐司烤箱，烘烤30分钟左右。

画有猫咪图案的饭碗和汤碗

TIP： 在饭碗底部画只小猫咪或者其他可爱的小动物吧。当孩子们快要吃完饭的时候，看到碗底出现了自己喜爱的小动物，一定会非常开心。

part4.

点滴情感
累积的幸福

制作每天都会用到的

可爱日常小物件

也许我是一个得到了一些小东西就会感到无比幸福的人。每当我收到朋友亲手制作又合自己口味的手工蛋糕，收到我盼望已久的插画书，收到刚好合身的衣服时，都会异常快乐，而且心里感觉很温暖。每次我收到称心如意的礼物，心情就会变好。因为透过这份礼物，我能够看到朋友对我的了解，感受到朋友对我的关心。

而送礼物给别人也是自己了解对方喜好的好机会。她喜爱什么颜色，喜爱哪类物件，喜爱什么图案等等，这些都需要去细心观察。

直接挑选礼物送给对方固然是一件很快乐的事，不过我们有时也可以花点时间和心思，亲自为对方制作一件与之爱好相符的小礼品哦。我曾经计划为一位已婚的朋友送一套碟子，并在上面画满她喜爱的图案和花纹。朋友听说我的计划之后，十分开心地回应道："姐姐，我会好好使用它一辈子，并将它世世代代传下去的。"我不知道她这番话是否出自真心，但我知道她和我一样，都喜欢具有年代感的东西。因此，听到这番话之后，我便下定决心要更加用心地帮她做好这份礼物。也许想法是单纯的，甚至有点幼稚，但也许它真的能将一份爱长久延续下去也说不定呢。

随着时光的流逝，人终有一日会离开，但紧接着又会有另一个人接着使用她留下的物件。不知为什么，我觉得这很酷。一想到哪怕哪天我不在了，我所做的东西也会替我延续这份日渐成熟的爱，心里就会既紧张又兴奋。这确实不是什么大事，但在曾经的某个瞬间，我和某人互赠礼物，传递彼此的爱和关心，这本身不就是一种成功吗？

你也做一件哪怕小得一只手就能够握住，却饱含温暖气息的礼物吧。为一个你认为找得出的理由，为一个你认为值得付出时间的人。

印有浩荡麋鹿队伍的
iPod保护套

我们为时髦的白色iPod做一个合适的保护套吧。
就像定制正装一样为其量身打造！它的制作方法十分简单，因此除了iPod保护套
之外，在制作智能手机套和笔记本电脑套时也可以拿来参考。

TIP： 放入里衬时，要把握好四个角，因为它对放入其中的MP3能起到很好
的保护作用。衬布在布料市场就能够轻易买到。

◇◇◇◇◇◇◇◇◇◇◇◇
制作iPod保护套
◇◇◇◇◇◇◇◇◇◇◇◇

准备物品：亚麻布（150mm×130mm）、麋鹿图案橡皮章、衬布（144mm×107mm）、熨斗、线、针、剪刀。

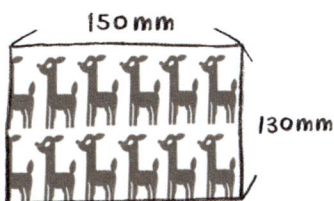

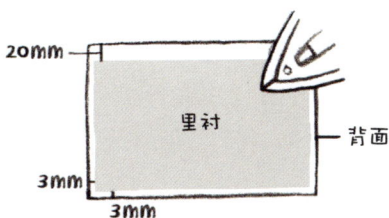

1. 准备好一张亚麻布。盖上麋鹿花纹的橡皮章，自然干燥30分钟并熨烫平整。

2. 将亚麻布翻到背面，放上里衬并熨平整。（将衬布粗糙的一面和亚麻布相对。）

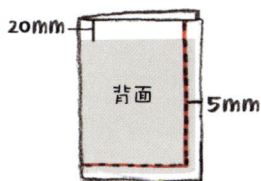

3. 将亚麻布对折，留出5mm缝份，粗缝，注意留返口。

4. 将四个边角剪去并从返口翻回正面来，整理四个角。制作完成！

兔子倾巢而出的环保袋

我喜欢轻巧的袋子,尤其喜欢那种轻到几乎感觉不出重量的袋子。
我说的是那种很轻却装得下重物的、宽大而柔软的环保袋。现在,就让我们来
制作这种不同于放进手机和钱包就感觉肩膀沉甸甸的皮包,能轻松装下一两本
书、一个苹果、载满音乐的MP3、笔记本、铅笔以及一条轻轻飞舞的丝巾的环
保袋吧。

制作兔子图案的生态环保袋

准备物品：印有兔子橡皮章的布料（600mm×350mm）、环保袋带子（590mm×110mm，两条）、熨斗、线、针、剪刀。

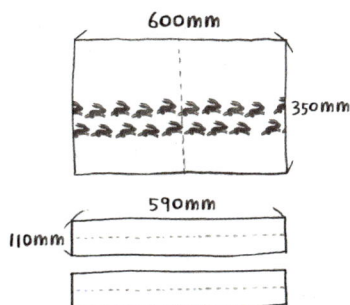

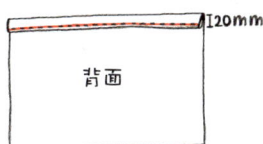

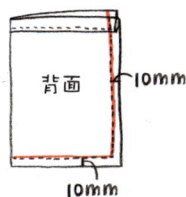

600mm

350mm

590mm

110mm

120mm

背面

背面

10mm

10mm

1. 将布料翻到背面，上方留20mm缝份，卷两道，熨平整，然后进行粗缝。

2. 如图将其对折，并留出10mm缝份，然后仔细缝合。

背面

35mm

10mm

10mm

50mm

背面

3. 如图将底部的边角窝上去，在离边沿35mm处进行粗缝。

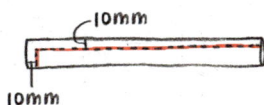

4. 将环保袋的提手对折，并留出10mm缝份进行粗缝。

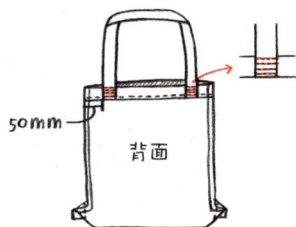

5. 将环包袋翻回正面，先固定其中一边，以袋口50mm处为结点，将提手缝在环保袋上。

TIP： 将环保袋翻回正面时，可以借助刷子或铅笔等长形的物体来协助翻转。

清香芬芳的
树叶环保袋

这次，我们来做一款接近大自然的环保袋吧。制作方法和前面所看
到的兔子环保袋相似，甚至比它还要简单一些。即：裁剪、缝合、
接上提手，制作完成！缝制环保袋的提手或是为底部垫形状感觉难
度比较大一些，不过这些对于初学者来说，还是值得一试的。

准备物品：印有树叶橡皮章的布料（800mm×350mm）、市场卖的提手带（300mm×50mm）、线、针、剪刀。

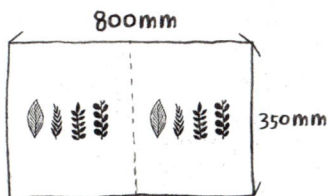

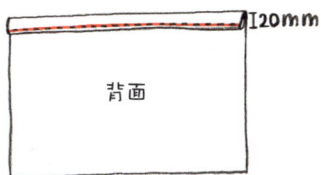

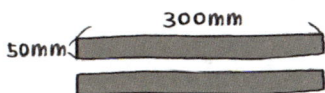

1. 将布料翻到背面，上面留20mm的缝份，卷两道。

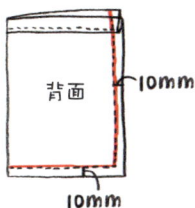

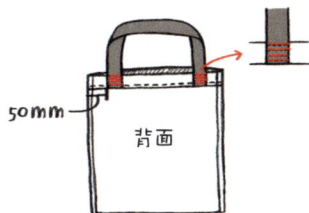

2. 将布料正面相对对折，缝份留10mm，认真缝合。

3. 以离袋沿50mm处为结点，将手提带结结实实地缝在袋子上。

TIP： 我们可以根据对应的季节选择不同颜色的环保袋，这样会很养眼。

林中飘落
树叶靠垫

也许是常常登山的缘故吧，不知从什么时候开始，花、叶、果实等图案开始频繁出现在我的橡皮章中。每次爬山的时候，我总是累得气喘吁吁，几乎没有环顾四周的空闲，但待到下山时，我的行动就开始放慢，那些大自然所赋予的各种形态才得以尽收眼底。

有一次，我将飘落地面的树叶拾起，用手小心拂去上面的灰尘并将它们带回了我的工作室。那些树叶的颜色和形状都各不相同，这或许是理所当然的，可对我而言，却是那么的新奇有趣。这是大山赠予我的朴素礼物，而我想将这份礼物和大家共同分享。于是，带着这个想法，我制作了树叶靠垫。

◇◇◇◇◇◇◇◇◇
制作树叶靠垫
◇◇◇◇◇◇◇◇◇

准备物品：印有橡皮章的布料（1140mm×490mm）、线、针、剪刀、靠垫棉芯（450mm×450mm）。

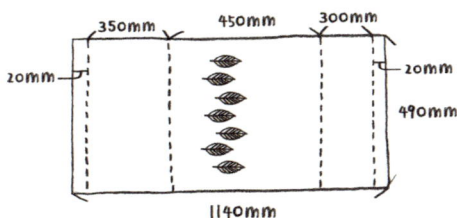

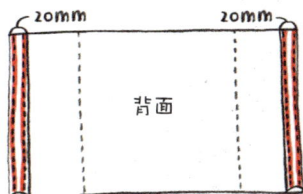

1. 准备好盖有树叶橡皮章的
   布料。

2. 布料的两边各留20mm缝份，
   将缝份朝里折叠，粗缝。

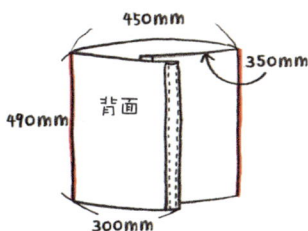

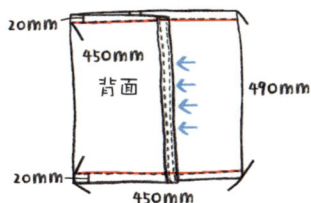

3. 将针织物的三面折叠重合。

4. 上下各留20mm的缝份，认真缝合
   之后，沿图中四排箭头的方向，
   将手伸进去并翻回正面，最后放
   入靠垫的棉芯。

亚麻布
蓝花靠垫

再做一个带有自然气息的靠垫吧。方法和树叶靠垫相同，但感觉却差异很大，因为材料选择的是亚麻布。它虽然略显粗糙，但貌似更接近大自然的气息。和树叶相反，它完全不需要曲线，我们只需雕出简单的花纹橡皮章，并用其在靠垫两侧盖上两行即可。也许正因它那不似新品的自然感，反而让人觉得它在家中已有一段时日似的，如同家中一个不知不觉就占据了一席之地的乖巧小家伙。

准备物品：印有橡皮章的亚麻布（1140mm×490mm）、线、针、剪刀、靠垫棉芯（450mm×40mm）。

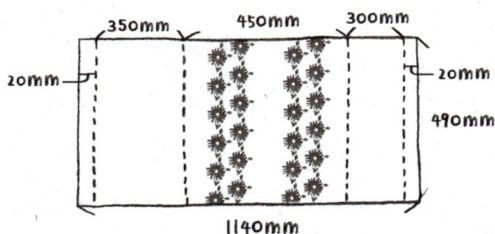

1. 准备好印有蓝色花纹图案的亚麻布。

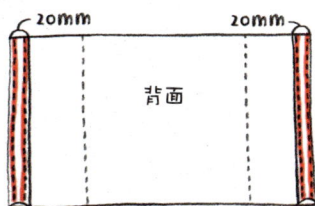

2. 亚麻布两边各留20mm的缝份，将缝份朝内折叠，粗缝。

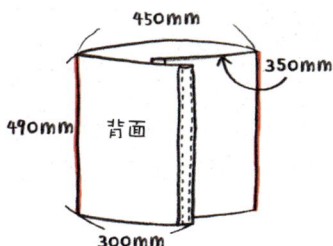

3. 将亚麻布的三面折叠重合。

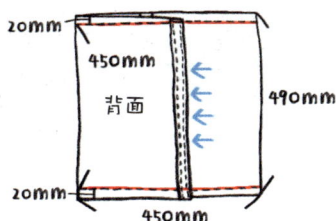

4. 上下各留20mm的缝份，认真缝合之后，沿图中四排箭头的方向，将手伸进去并翻回正面，最后放入靠垫的棉芯。

TIP： 我们不是非得用一种颜色不可。其实选择两种颜色，即两行花纹分别使用不同的颜色来盖也很漂亮。

万金油
树叶饰针

这一次，我们来做哪里都适用、却不是哪里都有卖的树叶饰针吧。乍一看，你也许会觉得树叶图案比较怪异，但实际上，它可是比想象中更容易搭配的"万金油"单品哦。我们既可以将它佩戴在清爽的白衬衫上，也可以将它别在柔软温暖的针织开衫上。如果觉得太大了，那挂在环保袋上如何？一般别一个饰针就能起到点缀作用了，但如果同时将几个相同或不同形状的树叶饰针别在一起也是很独特，别有一番自然风味的哦！

准备物品: 印有橡皮章图案的布料、尺子或纤维专用水性笔、衬布（没有也行）、别针（15mm×30mm）、线、针、剪刀、胶枪、胶枪芯。

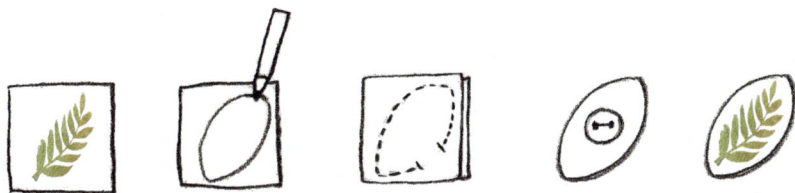

1. 准备好印有橡皮章图案的布料。

2. 将布料翻过来，用水性笔和尺子在上面画出草图。

3. 在布料下方垫层衬布，并留出20mm左右的返口，粗缝。

4. 留出5mm的缝份，并用剪刀剪下来。

5. 从返口翻回正面，缝上返口，并利用胶枪将别针粘在中央偏上的部分。

我们还可以用这个方法制作其他形状的装饰针。把它们别在书包、针织开衫或夹克上吧。

TIP： 如果没有衬布，就选择稍微厚一点的布料吧。布料太薄就会没有托力，这样往往会导致饰针向前倾斜。

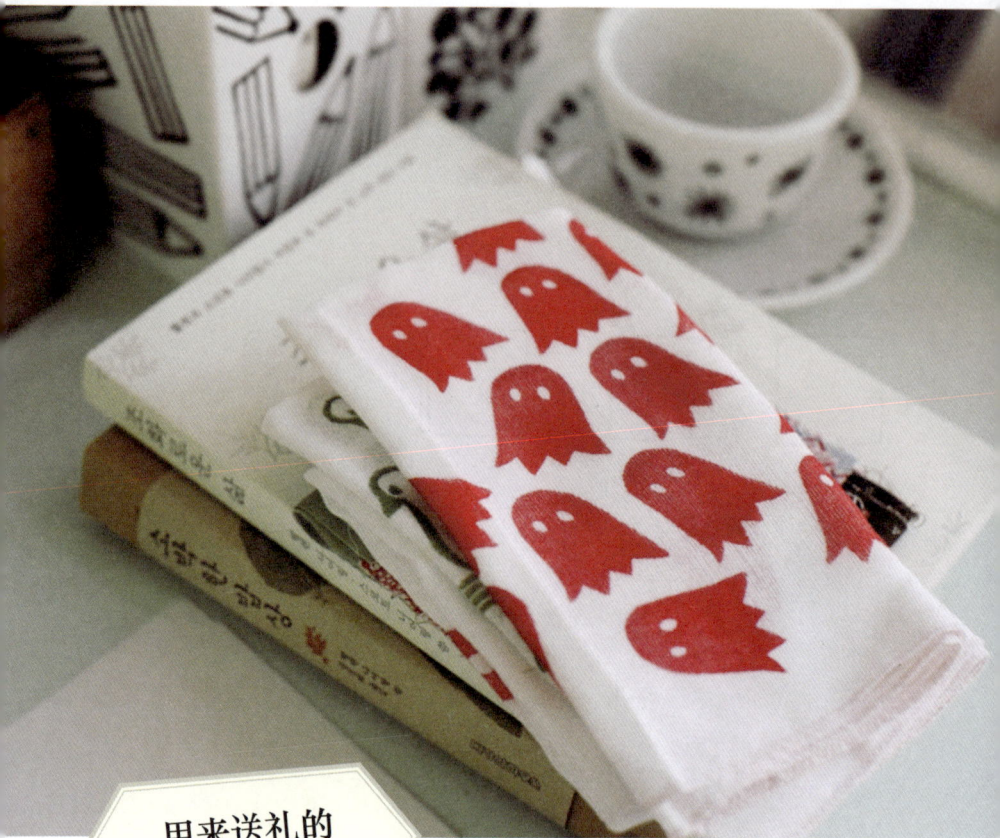

用来送礼的
个性手帕

提到DIY，如果光是想想就倒吸一口气，还没开始之前就觉得累，那与其从头到尾辛苦地动手制作，倒不如在一些已经做好的成品上直接添加自己的创意更好。我们可以充分利用从商店买来的各类无花纹产品，只需在买来之后，盖上自己制作的橡皮章，一份属于自己的物品就诞生了。我们只有从这个过程中尝到了手作的快乐和甜头，才会有挑战难度更大的DIY的勇气。

◇◇◇◇◇◇◇◇◇◇◇
在手帕上盖橡皮章
◇◇◇◇◇◇◇◇◇◇◇

准备物品：市面上卖的纱质手帕、橡皮章、织物染料、海绵、调色盘、尺子、电熨斗、纸。

1. 准备好各种自己制作的橡皮章。

2. 确定图案在手帕上要排列的方向，用尺子比量位置。

3. 在手帕下方垫一张纸。

4. 将织物染料放入调色盘，用海绵充分吸收。

5. 用海绵在橡皮章表面均匀拍打，然后用橡皮章在手帕上盖出自己想要的排列方式。

6. 自然干燥30分钟左右，最后熨平整。制作完成！

对半折一下，就是婴儿的围嘴！

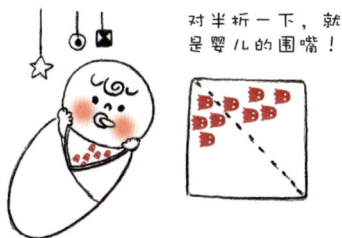

TIP： 在东大门综合市场的一楼，有很多卖这种手帕的商家。此外，在儿童用品的购物网站上也有这种手帕卖。

part5.

空间改造

装饰自己的
专属空间

从成为自由职业者的那天起，我就有了自己的专属空间。我最初的工作室空间十分狭小，那是一间夏天又闷又潮、冬天又十分寒冷的、月租30万韩元的屋塔房。和它相比，我如今的环境可谓改善太多了。

不过，无论在那时还是现在，有一样是不曾变过的，那就是占据了三分之一空间的大桌子以及它面前的那堵白墙。我大部分的时间都是在桌子前工作，因此要属这个空间最大。而与这张桌子相对的墙壁，则类似一个放大的剪报本。我的资料在上面，我的相片在上面，我的画作也在上面……我只是一名租客，所以如果直接在墙壁上粘贴或涂抹什么，是不合适的。因此，我制作了一面假墙。这样一来，不仅不会将墙壁弄脏，还能随心所欲地在上面粘贴胶带、钉钉子。再也没有比这更惬意的事了。

我会在创作童话书的过程中，将原画的素描贴在假墙上，观察情节走向，搭配各种颜色的布头。我现在运营的购物网站Mystuff(www.mystuff.co.kr)中的照片就有一半以上出自这里。不得不说，这确实是一面神通广大的墙。而且，这面假墙没有用胶带固定，因此，必要时我可以将它转移至任何地方。

我的工作室没有几坪，甚至可以说它只是借来的一个小空间。而这里也并非只能工作，我还可以在这儿用可爱的饭碗冲一袋平价的咖啡，让自己在繁忙的工作空隙呼吸一口平缓的空气。你也像我这样创造一个能让自己完整、能让自己尽情放松的专属空间吧。

用木板
制作假墙

制作假墙时，首先要做的事情就是确定假墙竖起来后占据的空间，以及假墙的大小。要尽量让它有足够的空间，能为家中各处起到点缀作用。我们可以选择柳杉木板，因为它表面有节点，看上去很自然。此外，我们还要制作暗扣，这样方便拆卸和组合。待尺寸计算好后，就可以去材料商店或附近的木材店量取相应厚度和大小的木板。本书中的木板和胶合板主要是在Sonjabee(www.sonjabee.com)，或合井火车站的木材厂里买的。

TIP： 确定木板的大小和摆放的位置十分重要。例如壁纸上比较杂乱的部位，或打算用镜框或画作来进行装饰的地方就很不错。此外，选择常用的桌子或书桌附近的位置也挺好。我就打算在工作室的桌子周围（A）和看上去比较乏味的墙壁（B）处各安一道假墙。

工作室平面图

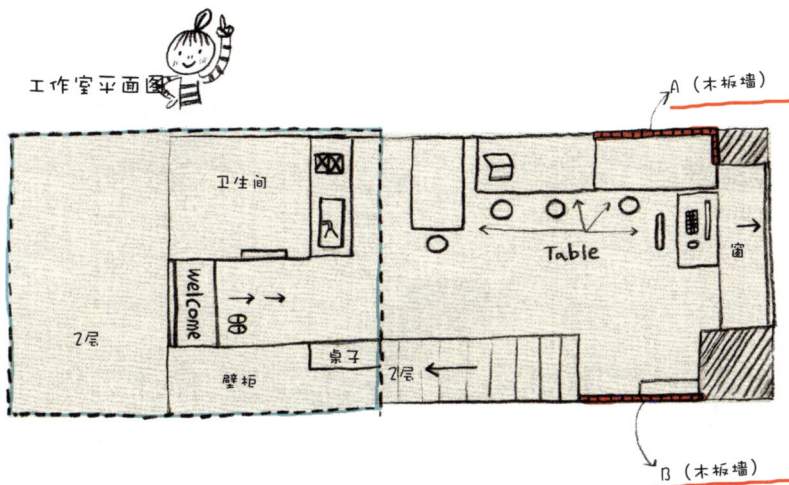

A的尺寸

○ 宽115mm、长1200mm的柳杉木板（11T）17个

◐ 宽100mm、长1500mm的柳杉木板（4.8T）2个
　 宽100mm、长400mm的柳杉木板（4.8T）2个

◎ 1500mm的原方木（40mm正方形）1个
　 360mm的原方木（40mm正方形）1个

B的尺寸

宽115mm、高1700mm的柳杉木板（11T）11个

* T指厚度。（1T=1mm）

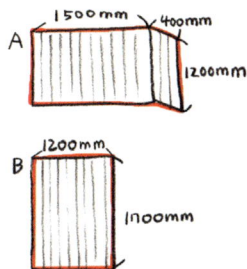

计算尺寸

计算木板块数的方法：木板长度（mm）除以107mm=木板个数

例：如果要设置的假墙长度为1900mm，那么木板个数就是 1900mm÷107mm=17.7个
（四舍五入，或直接删减也没关系。如果要求刚好精准，就会使木板的裁剪变得十分复杂，因此实际的空间可以松动一些。）

Before

1

2

3

4

5

6

7

准备物品：柳杉木板、胶合纸、原方木、硅胶、遮蔽胶带、电动改锥（没电动改锥时，也可以使用锤子和钉子）、螺丝钉（15mm和25mm）。

1. 将柳杉木板（◯）横放在地板上，用暗扣连起来。（如果壁面容易粘贴，那么在木板背面刷硅胶直接粘贴即可，这样就不需要下面的过程。）

2. 将由1500mm的合板（◎）连成的木板放到（◯）上面，确定其位置，然后用电动改锥和钉子将其固定住。

3. 将连好的木板翻转过来，用电动改锥和钉子将它和原方木（40mm的正方形）（◎）固定住。

4. 裁剪下来的部分（400mm-1200mm）也依照1、2、3的方法制作。

5. 将做好的假墙靠着墙面竖立起来，并用遮蔽胶带将其固定，以防倒下。

6. 在木板背面涂抹三四处硅胶。

7. 将木板静置约一天，在硅胶变硬之前，不要将胶布拿下。

*假墙（B）的制作方法和假墙（A）的相同。

TIP： 假墙竖起来时，将其放在角落是为了安全，防止木板向后倾倒。不过，如果墙壁和桌子之间刚好紧贴，并无空隙，则可省去第3步。当我们用除胶剂去出硅胶之后，墙壁就又变得干干净净了。

After

为假木墙
穿上新衣

假墙完成后，我们再给单调的木板穿上一件有范儿的新衣如何？

保持木板原有的自然色固然不错，但是若能给它披件与家中氛围相衬的外衣则会
显得更加生动。其实大部分人在装修房屋时考虑的问题之一就是粉刷墙壁。当然
也有很多人在一开始就放弃了，因为首先要征求房东的同意，毕竟这不是真正属
于自己的家。此外，若真将墙壁全部粉刷一遍，劳务费也会十分昂贵。但是，如
果我们只粉刷假墙，就同时解决了这两个问题。还有比这更棒的主意吗？

◇◇◇◇◇◇
粉刷假墙
◇◇◇◇◇◇

准备物品： 调和漆、遮蔽胶带、刷子、海绵、清漆。

1. 为了不让调和漆溅到别处，先在假墙周围贴上遮蔽胶带。

2. 用大面积的海绵进行粉刷，凡是海绵接触不到的角落就用刷子细细刷。

3. 先刷第一遍，待其干燥之后，再重新刷一遍。如果确实想保留木板的原色，也可以就着原木的状态，使用透明的清漆或油漆进行粉刷。

4. 粉刷完成后，如果再加一层清漆收尾，日后的清扫就会更加方便了。

*所使用的调和漆——肯尼亚天然矿物漆（RK-202）ESTHER WHITE

TIP： 油漆使用过后，要先在瓶口铺层保鲜膜，然后再盖盖子进行保存。刷子要用流动的水好好清洗。而且下次使用之前，最好先将其放在温水中浸泡30分钟左右为好。

用剩余的木材
制作小搁板

在做好的木墙上挂几张自己喜爱的画作或照片吧。

还有比这更像自己的房间，比这更温馨、更浪漫的布置吗？

那么我们先开始第一步，在假墙上安装一块小搁板如何？

另外再买木材确实比较费劲，所以我们可以利用做假墙时剩下的材料哦。

不过有一点需要注意。那就是前面用来制作假墙的木板比较薄，不适合承载重物。因此，我们不要在搁板上摆太重的物品。我在工作室里安装的搁板主要用于摆放小物件或较轻的毛绒玩具，因此使用的就是这种薄木板。它的厚度约5mm，是用曾做过木雕的板子再利用制作而成。不过，如果你希望自己的搁板结实一些，可以考虑考虑厚度为5~10mm左右的。

在假墙上安装搁板

准备物品：美松胶合板（5T）、┐字搁板架、砂纸、电动改锥（如果没有电动改锥，也可以使用十字改锥）、螺丝钉（6mm）、油漆、海绵、刷子、报纸或塑料。

搁板尺寸：700mm×150mm 2个

1. 用砂纸将美松胶合板的表面打磨平整。

2. 将塑料垫在胶合板的下面，用前面刷墙剩下的油漆和刷子，仔仔细细全方位粉刷胶合板。

3. 待胶合板干燥之后，再重新刷一遍。

4. 用铅笔标出安装搁板的位置，然后先用螺丝钉将┐字搁板架固定在假墙的墙面上。

5. 将钉子按由下朝上的方向打入搁板与搁板架的接触部位，以起到固定作用。

6. 用油漆将钉子也认真涂一遍。制作完成！

T I P： 若室内空间太小，搁板过长或过宽则会引起不便，因此要注意。
还可以在相同的位置上下排列搁板，这样看上去会更整齐，更漂亮。
┐字搁板架和美松胶合板在木材DIY商店就能够买到。

安装一块小搁板，
然后将家中大大小小的
物品摆在上面。
气氛果真不同了！

制作两种
不同风格的画框

如今，我们在网上就能买到自己需要的材质和切得大小适中的木板，因此DIY很方便。一般颜色或材质独特的画框价格都比较昂贵，要买到合自己心意的画框并没有想象中那么容易。因此，我们还是自己亲手制作吧，然后将记录了难忘瞬间的照片和得意的画作放入其中。画作既可以自己画，也可以自己做。此外，从杂志中剪下来的图片、展会海报、明信片或布料等任何自己喜爱的东西也都可以放进去。我们可以试着先拿出几张画放在画框下进行比较，其实这左思右想的选择过程也是一种小乐趣。

A   B

接下来要制作的就是木板画框A，
以及编条画框B。
A、B两种画框的制作方法是相同的。
对于具体步骤，后面会详细介绍。但在这个过程中，我们既可以
先给木板或编条涂漆上色，
也可以先将画框的框架做好，然后再涂漆上色。

◇◇◇◇◇
制作画框
◇◇◇◇◇

准备物品：┐字扁铁（每张画框4个）或码钉枪、砂纸、美松胶合板（15T）、电动改锥、螺丝钉（6mm）、海绵或刷子、清漆。
画框A：长250mm、300mm的各两个、色精（T515）。
画框B：竹带编条(20/麻花/带)200mm(长)、300mmm(高)各两个、亚克力颜料（JES亚克力14 HOLLY BUSH）。

两种画框的制作方法相同。但在制作顺序上，我们既可以先给木板或编条涂漆上色，也可以先做好画框的框架，然后再涂漆上色。以下是画框A的制作过程。

1. 将准备好的美松胶合木板摆成画框的形状，并在四个接触面涂上木工胶，固定五分钟。

2. 木工胶凝固后，再用螺丝钉和电动改锥将┐字扁铁固定在画框四角。

3. 用砂纸打磨画框，然后用干毛巾将画框擦拭干净。

4. 用刷子或海绵蘸取色精仔细涂抹画框。待其干燥之后，再重新刷一遍。

5. 色精干燥后，再用清漆或其他石墨等进行收尾。制作完成！

TIP: 制作过程中，如果选择码钉枪会更方便。因为这样就不需要扁铁，只需直接用码钉枪将斜角连起来并钉上即可。码钉枪在很多地方都能够派上用场。制作老旧的椅子、简单的画框或小型木制物品时，都可以用到它。
至于美松胶合木板，木材DIY店里就有已切割好了的美松胶和木板卖。

将画作放入画框

准备物品：做好的画框、即将放入画框的画或布、三角挂件、码钉枪或双面胶、电动改锥、螺丝钉（10mm）。

1. 裁剪作品，让画的长和宽均比画框的小5～10mm。

2. 使用码钉枪，从背面将画和画框固定住。

3. 拉扯画布的一角，使其处于稍微绷紧的状态，然后再固定另外的三个角。

4. 使用电动改锥，在画框背面的中心钉螺丝钉并安装三角挂件。

5. 找一个自己喜欢的位置，钉颗钉子并挂上画框。

TIP： 画布最好用码钉枪固定在画框上，而纸质画作则用双面胶粘住为好。本书后面附有很多橡皮章的图案，选择它们中的一样，然后剪下来放入画框也不失为一种好方法。

制作小小收纳盒

工作室的家具，无论是种类还是个数都没有想象中那么多。一个由四张桌子拼成的书桌、一把椅子以及一个装饰柜就是我的全部家当。然而，随着工作量的增加，我书桌上的空间也慢慢变小了。胶水、剪刀、各种胶带、纸张和其他零零碎碎的物件占据着桌面。为了让书桌有更大的使用面积，我不得不开始对其进行整理，也因此越来越需要能将这些零碎用品收纳进去的空间了。于是，我开始制作便利收纳盒。我的收纳盒盖子不是玻璃材质，而是亚克力，这样不仅重量更轻一些，而且制作也更简单。你也一起来吧，做一个不仅能将零碎文具收集进去，还能将各种自己亲手制作的布手作和橡皮章放进去的、轻巧实惠的小收纳盒吧。

TIP: 收纳盒的制作比其他物件要稍微复杂一些。我们一定要首先牢记已切断的胶合板的尺寸和它各部位的名称。因为在下一页的制作步骤里，我们很可能会弄混淆，以至于分不清哪里是A、哪里是B、哪里是C。所以只有提前熟知这些部位，才能轻松将收纳盒成功地制作出来。切记！

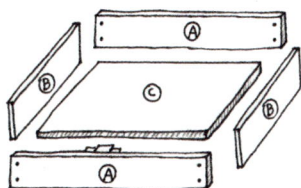

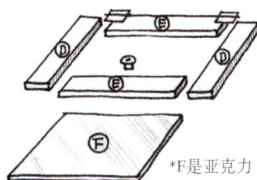

*F是亚克力

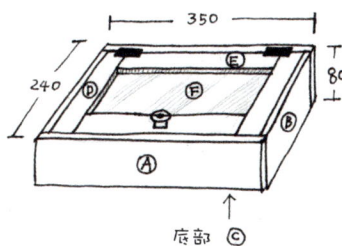

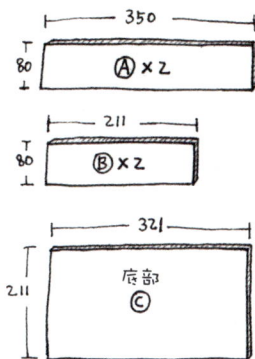

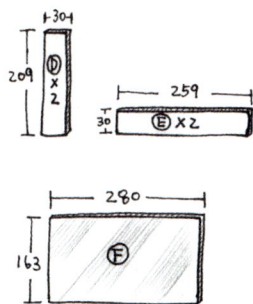

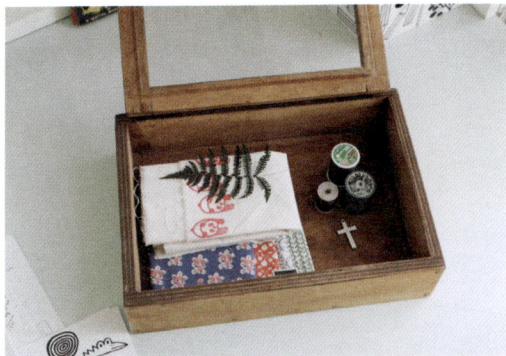

准备方法：胶合板（14.5T）、木工胶、┐字扁铁或码钉枪、电动改锥（若没有电动改锥，也可以使用锤子）、钉子或螺丝（20mm）、合叶（40mm×25mm）、砂纸、手柄、磁吸装置（一般被称作碰珠）、遮蔽胶带、透明亚克力板、亚克力刀、色精、海绵、刷子、报纸或塑料、清漆。

1. 将准备好的木板排列成图1中的形状。

2. 用木工胶将A、B、C之间的接触面粘起来。

3. 对齐四个角并贴上遮蔽胶带，固定十分钟左右，等待木工胶的吸收。

4. 首先用钉子和锤子连接A和B，然后是底面C。

　（也可以使用螺丝或钉子等已有的或使用起来方便的工具。）

5. 用木工胶粘住作为盖子的D和E，也用遮蔽胶带固定住。

6. 待木工胶吸收之后，再用┐字扁铁或码钉枪将四个角连接起来。

7. 在离边沿35mm处标出安装合叶的位置，用电动改锥和螺丝钉将盒子和盖子连起来。

8. 在盒子内侧A与把手B处安装磁吸。

　（这是为了让箱子能够干干脆脆地关上而设计的步骤，其实省略也无妨。）

使用的色精：T515 50ml

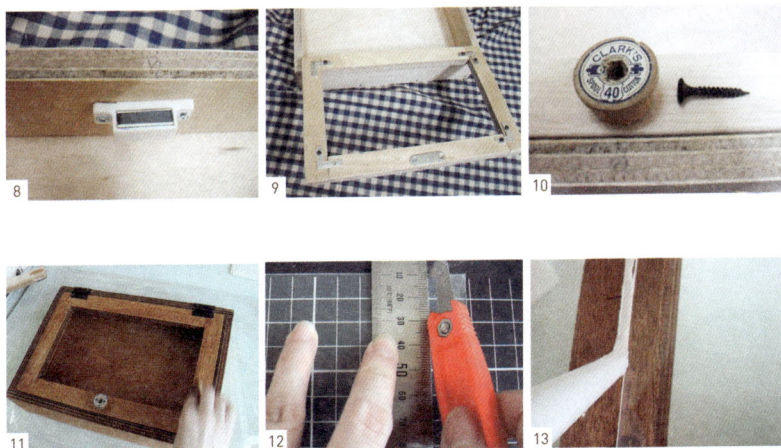

9. 用砂纸仔细打磨木盒，将木屑清理干净。

10. 利用木工胶和螺丝，安装把手。

11. 挑选自己喜爱的颜色，用海绵蘸取该颜色的色精将盒子粉刷一遍，待其干燥，再用清漆收尾。

12. 按照F尺寸，用亚克力刀的刀片划出亚克力板。方法是：先用亚克力刀在亚克力板上划几道，然后沿着割划的痕迹，用双手将其用力掰开。

13. 将亚克力板安装到盖子的框架中，然后用硅胶进行粘合。在上面放几本书，至其透明干燥为止。

point

注意别让码枪钉钉的部分和亚克力板重合；若磁吸的磁力太强，则容易导致盖子难以打开。在这种情况下，我们可以在中间隔一层胶带，减弱磁力的强度。

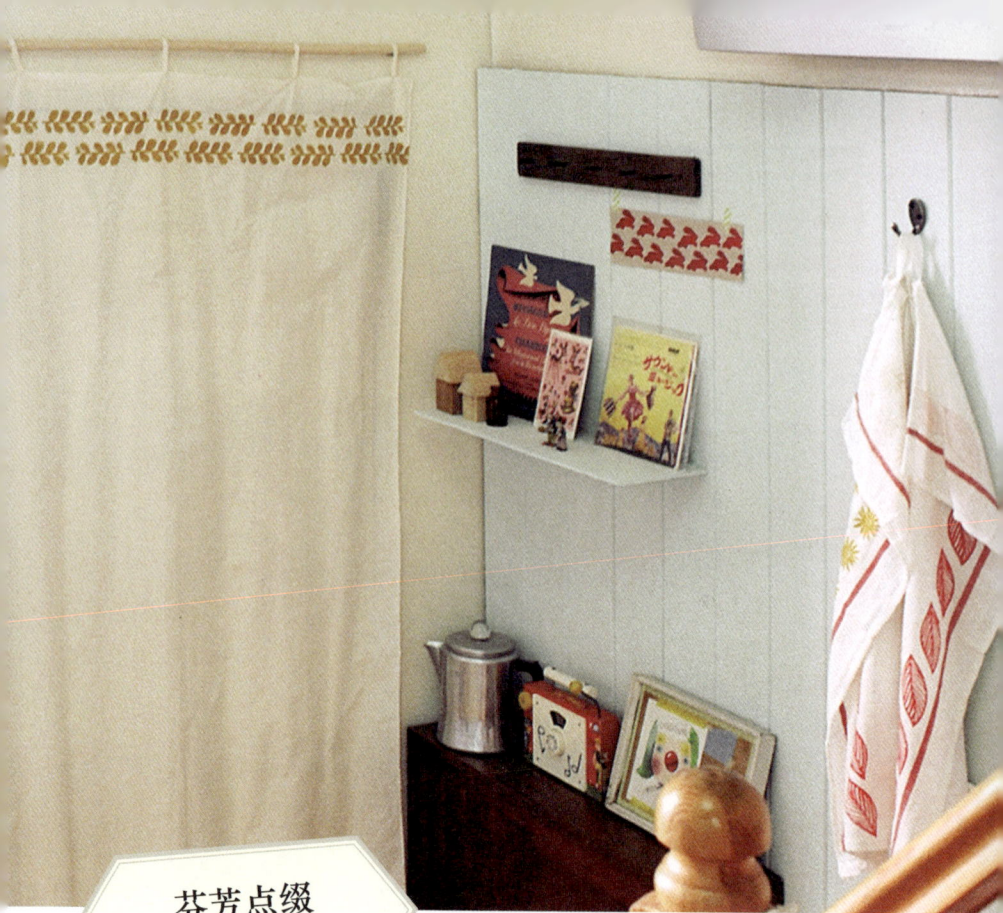

芬芳点缀
布帘制作

温柔的阳光透过窗户射了进来，可窗户旁边这扇又厚又大的铁门却让人讨厌，而且这种感觉在假墙做出来之后更加明显。我曾想过要在上面贴布手作，不过炎炎烈日当头，我还是觉得挂一个有如树荫的简易帘子更好。帘子的制作方法其实很简单，不过它起到的效果可比想象中要大得多哦。

窗户上才可以挂帘子。抛弃这个思维定势吧！家中任何看上去让自己觉得不爽的位置，其实都可以用帘子遮盖住，这样才能够达到满分效果。我们还可以用帘子掩盖黑暗、脏乱的地方，改变整个空间环境的氛围。

◇◇◇◇◇◇◇
布帘制作法
◇◇◇◇◇◇◇

准备物品：水洗布、窗帘杆、棉绳（或帘环）、针、线、剪刀、橡皮章、尺子、织物染料、海绵、布、
胶布或铁丝、钉子、锤子。

帘子尺寸：长900mm、宽1500mm

帘杆尺寸：长1000mm、直径15mm

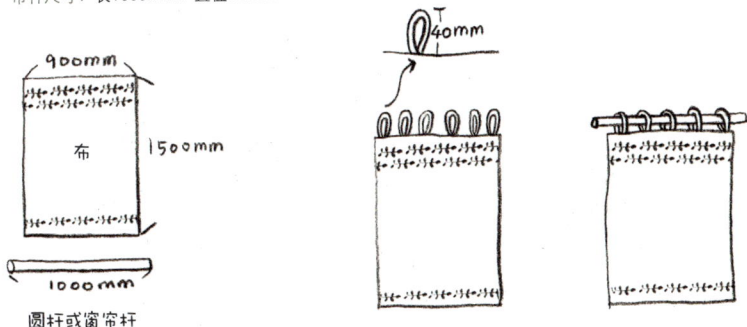

1. 测量出要挂上帘子那块空间的长和宽。

2. 准备一块比1中长宽各多100mm左右的布。

3. 用棉绳做出能挂住窗帘杆的圆环。

    将100mm的棉绳对折，圆环尽可能留到40mm，然后进行缝合。

4. 每个圆环之间间隔100mm左右，总共挂上约7到9个。

5. 在窗户上要挂上布帘的位置钉钉子，然后将窗帘杆放上去。

6. 将布帘放平，在自己喜欢的位置上盖橡皮章图案。

    （图案成单行排列时，为了保证整齐，最好提前用尺子将直线标示出来。）

7. 挂上布帘之前，让其自然干燥30分钟，然后再将其熨烫平整。

8. 将布帘装上窗帘杆，用铁丝或胶带进行固定，以保证钉子和窗帘杆不会晃动。

TIP： 如果帘子需要常常清洗，最好将它的四个边各卷起10mm左右缝合一
下。但如果平时并不常常触摸它，也可以省略这一步。此外，若帘子挂在需要
常常开合的地方，就最好不用棉带，而是直接在市内购买窗帘用环更方便。

用画纸制作
趣味壁纸

洒满阳光的工作室，窗口看上去干净之余又有点冷清。尽管上面也摆了几个花盆，但我还是想，如果能让这里更有乐趣一点就好了。这时，一个点子忽然闪了出来：直接做张壁纸贴上去不就好了么？主意貌似不错，可真要寻找又长又薄的纸张进行裁剪还是挺麻烦。不过有一天，我竟然在偶然中发现了宜家画纸网站。看到网站上一卷卷貌似空白壁纸的纸筒，我一念闪过："就是它了！在这种白纸上啪啪啪盖上橡皮章，那就是壁纸啦！"这绝对是一个好主意。我想象自己站在贴好的壁纸前照相，禁不住眉开眼笑。如果几年之后，我能拥有一间可以随心所欲装饰的房子，我一定会全部用盖有橡皮章的壁纸去装饰偌大的墙面。这个念头，光是想想，我就已经心满意足了。

◇◇◇◇◇◇◇◇◇◇◇
在画纸上盖橡皮章
◇◇◇◇◇◇◇◇◇◇◇

准备物品：宜家画纸、大容量颜料或亚克力颜料、橡皮章、海绵、调色盘、铅笔、纸或塑料。

1. 量出壁纸将要覆盖的面积。

2. 将长长的画纸平放，用铅笔在上面标出即将盖章的位置。

3. 将大容量颜料或亚克力颜料放入调色盘，用海绵充分吸收。

4. 将海绵放橡皮章上，均匀地轻轻拍打，然后用橡皮章在画纸上盖出自己想要的排列。

5. 将自然干燥的画纸剪裁下来，贴在自己想要装饰的墙壁上。如果是在自己家，可以用浆糊将其裱在墙上；如果不是，就用透明胶带或双面胶粘住，到其不会卷边翘起的程度即可。此外，工作室的墙也可以用透明胶带进行粘贴。

TIP： 我们可以做一张壁纸，去覆盖墙面上有钉子痕迹，以及有小孩子一时兴起胡乱涂鸦的地方。墙上有些可以直接盖章的地方，就直接盖上去也不错的。不过对于初学者来说，面积太大盖起来会比较吃力。因此刚开始时，我们还是从小面积入手吧。

用墙壁专用调和漆
粉刷墙面

就在本书即将完工的时候，我又搬了一次家。新工作室有几处地方着实让我记挂，尤其是那花花绿绿、毫无协调感的墙面，这完全和我的风格风马牛不相及。好在墙壁还具备粉刷的条件，于是我想到了墙壁专用调和漆。我在网站上找了好久，终于找到了我想要的亲环境原料，一种容易粉刷、不易弄花、色感也很好的调和漆。动工之前，我想象着即将被我改造的墙面，心情终于好了起来。其实只要准备好刷子、调和漆、辊子、油漆桶、报纸或塑料，再大的墙也能刷出自己想要的模样来。不过颜色的选择却看似简单，实则比想象要难。由于要考虑到粉刷之处的采光、大小和用途，所以我们最好考虑和家具相配的颜色。如果觉得在网上选择比较困难，也可以亲自去调和漆商店。在那里，不仅可以直观地看到各种颜色的样板贴片，还可以向店家咨询，请教哪种颜色适合自家的空间。好了，我们现在就开始行动如何？

◇◇◇◇◇

粉刷墙面

◇◇◇◇◇

准备物品： 调和漆、刷子、辊子、油漆桶、报纸或塑料、遮蔽胶带。

使用的调和漆：
本杰明·摩尔调和漆
peacock feathers-724

1. 如果壁面很干净，那么只需用湿抹布将灰尘擦去就可以直接开始粉刷墙壁了；如果壁面有发霉或脏乱之处，则需先拿抹布，用洗涤剂将其清除干净。

2. 如果壁面干燥，就在地上铺层报纸或塑料，以防调和漆溅到装饰线、门槛、窗框等。我们也可以在这些地方贴上遮蔽胶带（如果对自己的技术很有信心，不贴也无妨）。

3. 首先用刷子粉刷难以刷到的狭窄部分、插座、装饰线条、边边角角等。

4. 按照W或M的路线，用辊子对墙面进行一次大面积粉刷。

5. 第一次粉刷结束之后，用塑料包住刷子、辊子和油漆桶，以免其变干。

6. 待墙面干燥（约1到2小时之后），用相同的方法再重新粉刷一遍。

7. 待墙面完全干燥，除去遮蔽胶带。

Before

After

TIP： 在网站购买调和漆时，有可能因实际收到的颜色和样板有出入而对商品不满意。我想向大家推荐我使用过的本杰明·摩尔网站（www.benjaminmoore.co.kr)，因为它会提前免费给我们三个自己看中的颜色贴片。当我们需要对墙面进行大面积粉刷，而对买来的颜色不满意时会很麻烦。因此我们还是在这种可以提前收到颜色贴片、方便自己判断的网站，或亲自去店里直接挑选比较好。
请记住！当壁面暗沉，而调和漆的颜色却很淡时，调和漆的使用量需要比平时多30%。

尽管粉刷墙壁是一个不需要什么技巧的
简单工作，但当粉刷面积
很大时，也是一种消耗不小的体力活儿。
这时一个人干必定十分辛苦，所以叫上朋友，
或叫上家人一起动手吧。
你也许觉得为墙壁换种颜色没什么特别，
但实际上整个空间的氛围已经悄然发生了变化。
所以，季节更替或购入了新家具时，
也应景换个颜色吧。
这样就会像搬了一次家一样，
涌出一份新鲜的感动，萌生一种新的心情。

用瓷砖专用漆
装饰卫生间

当我们买了一件衣服，会想买和这件衣服相配的手袋和鞋子。室内装饰也是这样。当我们对房子进行了改造，就也想让客厅、厨房和卫生间的风格也和它相符。当工作室干净整洁华丽大变身之后，卫生间的改造便提上了日程。其实我搬到新家以后，想最先收拾的地方就是卫生间了。我很想将脏瓷砖和粘有贴纸的墙面清理干净，但替换它们会消耗大量的时间和费用。于是我计划直接在瓷砖上涂漆。不过和前面粉刷墙壁相比，粉刷瓷砖需要的时间更多，人也更辛苦一些。这是因为，它在正式涂漆之前，还需要上两次左右的底漆。

不过这世上哪有轻易就能得到的东西呢？待辛苦过后，一个舒心的环境就会到来啦！

◇◇◇◇◇◇◇◇◇◇◇
粉刷卫生间墙壁
◇◇◇◇◇◇◇◇◇◇◇

准备物品：瓷砖专用漆、刷子、辊子、油漆桶、报纸或塑料、遮蔽胶带。

*使用的调和漆：本杰明•摩尔浴室用调和漆

Soothing Green -535

1. 如果瓷砖表面很干净，那么只需用湿抹布将灰尘擦去就可以直接开始粉刷了；如果瓷砖有发霉或脏乱之处，则需先拿抹布，用洗涤剂将其清除干净。

2. 如果瓷砖表面干燥，就在地上铺层报纸或塑料，以防调和漆溅到装饰线、门槛、窗框等处。我们也可以在这些地方贴上遮蔽胶带（如果对自己的技术很有信心，不贴也无妨）。

3. 首先用刷子粉刷难以刷到的狭窄部分、插座、装饰线条、边边角角等。

4. 按照W或M的路线，用辊子对墙面进行一次大面积的底漆粉刷。

5. 用手试探一下，如果底漆已干，就用相同的办法再涂两遍底漆。

6. 晾干底漆很重要，正式粉刷瓷砖之前至少要将其晾三到四日左右。

7. 将浴室专用调和漆放入油漆桶，用刷子将每一个难刷的部位粉刷三遍。

8. 用辊子将剩下的墙面粉刷四遍。

9. 待其完全干燥，再粉刷最后一次即可。

TIP： 上底漆是粉刷成功之前的必备步骤。瓷砖比较光滑，直接上漆十分困难，因此必须先使用底漆，待三四日之后底漆干燥再接着使用调和漆。此外，我们最好不要给浴室的地板刷调和漆，我曾经试过这样做，但最终以失败告终。这是因为韩式浴室的地板一般积水很多，即使上了漆，日后也会很容易脱落。

Before

After

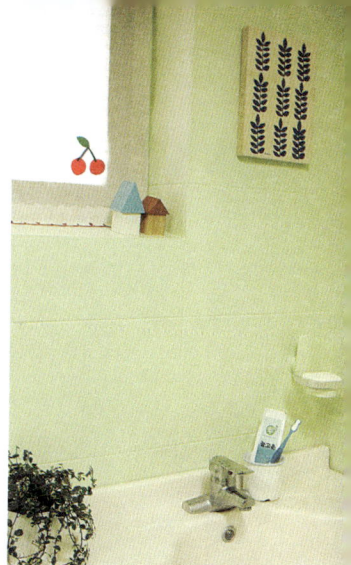

请用帘子将浴室里比较脏乱的地方挡住。
我的浴室里，冰凉的铝合金窗框和洗脸池的下方也都被帘子挡住了。
我们可以将浴室专用洗涤剂或打扫工具等
都放到帘子后面，这样浴室就会变得既干净又整洁了。
此外，洗脸池的下方也是常常与水接触的地方，
因此，我们的帘子最好使用防水的材料。

part6.

秘密日记本里的
咖啡馆和杂货店

追随一个
充满生活格调的地方

我在做手工的同时，也常去弘益大学附近的咖啡馆和杂货店，在那里流连忘返。但不是因为写这本书，而是因为我对咖啡和杂货的喜爱。其实很早之前，我就开始在这些地方出没了。

有些咖啡馆早就名声在外；有些咖啡馆自开张之日起就不停地购入各种小杂货；而有些咖啡馆，一张照片就能抓住我的心，让我迫不及待想要去追寻。例如bplusm、娜雅咖啡、咖啡角落、cafe mooee、annsnamu、demitasse…… 所有这些咖啡馆，都有着各自独特的装修风格，有很多地方值得借鉴。

它们的室内装饰独具一格，但共同点在于：都是通过容易被忽视的物件，以及容易被忽略的细节使平凡的空间不再平凡。bplusm和娜雅咖啡都在较低矮的一楼，咖啡角落室内有很多拐角，annsnamu的空间十分狭小……但这些不足之处经由咖啡店主人灵巧的双手，都被改造成了大放异彩的个性空间。

光顾过这些地方之后，就会开始觉得房间小、住处比较偏僻或阳光照射不进来等，都是为自己的小懒惰而找的借口。越是糟糕的环境，越是一块可以打造出夺目光彩的璞玉。布置前后的差异越明显，就越有趣，越有成就感，不是吗？

除了本书介绍的咖啡馆和杂货店，任何一个自己喜欢的地方都是可以去借鉴的，哪怕只是安装一个小搁板，换一席窗帘或换一种灯光。说不定这样一来，自己安然落座，享受咖啡的静谧时光就会不知不觉增加了呢。

bplusm

营业时间：上午11:00~晚上8:00（周日：上午12:00~下午7:00），
周一休息

地址：首尔市麻浦区西桥洞381-36

电话：02-336-7181

主页：www.bplusm.co.kr

是家具，也是艺术品——bplusm

从一开始写这本书，我就计划着要在哪个部分介绍一下bplusm。因为这里的家具自然无附赘，件件都是艺术品，件件都能牢牢抓住你的心。因此，就在这本书快要完成的时候，我寄了一张便笺到bplusm，提出我希望在自己的书中介绍它的想法。当我怀着忐忑的心情打开回信，发现里边是一个意为"欢迎光临"的手势。约好见面的那一天，由于没有电话号码，只能凭借一张地图在合井洞四处转悠。我看上去似乎是追求完美的类型，但了解我的人都知道我其实是一个神经大条的人。过了约定时间很久，我才找到白色墙壁上写着"bplusm"的这家咖啡馆。

于是慌慌张张走进去打招呼，然后"刷刷"从袋子里拿出因满怀愧疚而准备的见面礼。店主人常常玩博客，曾在网站留言说自己喜欢绿叶，因此我的礼物就是一早做好、印有绿叶橡皮章的布手作。主人看到我为她准备的礼物，直说"真棒！"幸福之感溢于言表。

就这样，我在这间咖啡馆里分享着她的故事，欣赏着她用家具装饰的每一个角落。制作小型家具时常因几毫米误差合不上门的我情不自禁伸向这些自如开关的门和抽屉，抚摸着它们干净而柔软的表面。

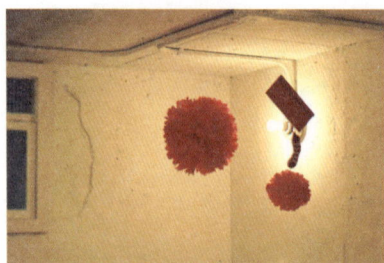

哪怕只有一件原木家具！

在自己的专属空间准备一件由原木制作而成的
家具吧，一把原木小凳也好，一块原木搁板也
行。其实随着时间的推移，原木家具的感觉和
颜色都会变得越来越有魅力。所以，如果你梦
想有一个温暖的空间，这绝对是值得一试的好
单品。

家具几乎都保持着原木的自然本色，然后用一两种颜色对其进行点缀，外加古着怀旧的物品在中间积极调和，这种感觉真的很自然！看到小心翼翼开关门的我，店主人说："就这样'哗'地打开就行"。从收到邀请，到现在关门出来的这一刻，我一直都觉得她是一个十分开朗的人。

她说："来到这里的人都能自由进出就好了。"也许正因为她有一颗美丽的心，才做得出这样漂亮的家具吧。

这里门槛虽低，但家具质量超高。因此，我建议大家带着一种轻松的心情来观赏。相信对那些想拥有自己的专属空间、但技术却不尽如人意的人来说，这里绝对具有致命的吸引力。

请问……
我能否在这里借宿？

bplusm

NAYA café
娜雅咖啡

营业时间：上午11:30~晚上10:00（周日休息）

地址：首尔市麻浦区西桥洞396-54

电话：02-322-2737

有如一缕温柔的阳光——手工娜雅咖啡

娜雅咖啡坐落在一个安静的胡同里。这家的红砖墙和蓝色的窗与内部温馨自然的氛围十分相配。这里大部分的点心都是主人亲手制作，让人恨不得每一样都尝一尝。我们还可以在蛋糕制作之前在小黑板上写出自己想要吃到的字体。而且为了让人们减少动物脂肪的摄入，这家店还是少数不放黄油和鸡蛋的店家之一。这样的蛋糕就好像是妈妈亲手为自己做的，我们又怎么会不喜欢吃呢？我不禁想在素描本上画出自己喜爱的蛋糕图形，然后对主人说："请您做成这样！"不然真的试试看？

娜雅咖啡馆不止蛋糕是现场制作，其实这里处处都可见手工味道的物件。从简单的兔子、骑在一根管子上的熊猫，到红糖糕和红糖曲奇包装袋上的贴纸，无一不是符合咖啡馆设计理念的手工制品。当我身处这静谧悠闲的时光里，坐在日光满满的窗前阅读《深夜食堂》和《猫咪，我来啦》时，不禁会怀疑："这真的是在弘益大学门前吗？"。

这，这蛋糕也太……

DUBOO'S INTERIOR POINT
窗前挂上可爱的帘子！

如果自己的小空间有一个采光很好的窗户，那就扯一段轻盈的布（或纱布）并将它挂在窗前吧，哪怕不做成标准的窗帘那样也没关系。我们还可以用图钉将帘子钉起来，或者用遮蔽胶带粘起来。这样当阳光透过窗帘时，窗户就会变得透白透白的，十分漂亮。

re-use to reduce the impact
on our environment

BUY VINTAGE
&
GO GREEN

**Café
at corner**

咖啡角落

营业时间：上午12:00~晚上9:00（周日休息）

地址：首尔市麻浦区上水洞145-4

电话：02-322-0344

主页：www.at-corner.com

怀旧的古着物品装饰的小店+咖啡馆——咖啡角落

咖啡角落曾是一间专门的古着小店,但不久前它也开始兼营咖啡馆了。白墙壁、木地板,那里处处都将古着物件摆放得自然而协调。其实从"咖啡物语"开业起,我就常常去弘益大学正门附近的咖啡角落,在那里淘一些棕色的小瓶子、各种灯具以及铁制品。

尽管我现在已经不再经营咖啡馆,但每次进入咖啡角落,我的目光仍然会扫过每一个角落。那个破旧的玻璃瓶上插着干树枝,感觉很有味道;这株努力生长的罗勒香草看上去也好漂亮! 于是我开始试图给自己寻找买下它们的理由,那便是"为这本书"。这个一定要放进书中的,买了? 那个也买了? 为了这本书嘛……

那些嵌在墙内的古着品看上去也像是一种摆设艺术。

上面一排排的物品和那道白色墙壁十分相衬。我正沉醉其中，恍惚间被店员提醒点餐。于是我点了浓香型的肯尼亚咖啡和草莓蛋糕。它们俩绝对是一对梦幻组合，让人欲罢不能。就连现在的我都一边在奋笔疾书，一边还回味着它们的滋味。下次的会晤一定要选在咖啡角落！

黄色的灯光好温馨

DUBOO'S INTERIOR POINT
一盏灯改造气氛！

咖啡馆里大部分的灯光都是黄色的，因为和明亮的白色灯光相比，它虽然比较暗淡，但是能够制造出温馨浪漫的气氛。在休息、品尝咖啡的房间试着安装一盏黄色的小照明灯吧，相信它一定会为我们营造出比想象中更加舒适的氛围。

café
mooee

营业时间：上午12:00~晚上9:00（周日休息）

地址：首尔市钟路区桂洞10-1

电话：02-766-8184

主页：www.cafemooee.com

桂洞的小小多媒体播放器——café mooee

"这里好像在哪里见过……"偶然间，网上的一张照片瞬间抓住了我的心。那就是café mooee。照片中的mooee是一间在初夏敞开窗户的咖啡馆。怀揣着心中珍藏的一张照片，我来到桂洞，并轻易地找到了这个地方。里面明黄的灯光和外面的阳光衔接得天衣无缝，我更加兴奋了。不过那天寒风凛冽，突至的寒流使我的手腕、脚踝和身体都冻得瑟瑟发抖。我寻思着赶快进去喝一杯热咖啡，同时伸手去拉门。"啊，没开门！"我一看，发现灯光虽然亮着，里面却没有人。既然灯是开着的，就不像是关门，大概是主人有事临时出去了吧。

于是我站在咖啡馆门前等着店主人的到来。可十分钟过去了，人还是没有来。我开始感到不安。就这样离开？再等一会儿？尽管天气很冷，可如果现在就掉头走似乎更可惜。因此，我决定接着等。不一会儿，就见一男子蹒跚走过来，用钥匙打开了咖啡馆的门。

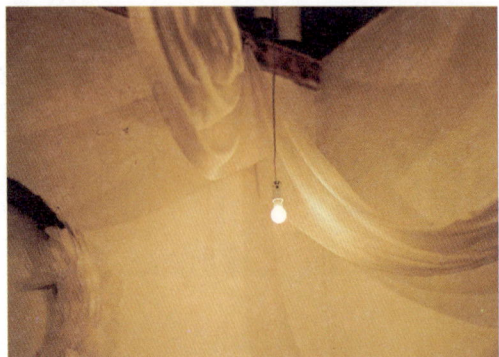

我连忙紧跟其后，并说自己"稍微等了一会儿"。"哎呀，真是抱歉！这么冷的天，等了好久吧？我喝完啤酒才过来的。"店主人一边说，一边哈哈大笑（的确是发自内心的笑）起来。

换作以前，在外面顶着寒风等人，我一定会生气的。不过现在当我看到这家店运营得如此之好、如此自由时，不禁心生欢喜。

虽然咖啡馆是服务行业，但店主人还是需要休息的。咖啡馆只有自由经营才能够保持长久。这家店，主人打理得绝对没话说。

这是一个比想象中还要小的空间。不过在café mooee的两张桌子上，还有厨房里，都汇聚着各种漂亮而有个性的小物品。我点了一杯咖啡，外加一杯茶，同时将手放在炉子旁边取暖。抬眼望时，竟然发现它家的天花板还保留着原来韩式房屋的形态。每当挂在它家墙壁上的布帘随风摆动，我都会被迷得神魂颠倒。

香气弥漫的茶和咖啡是这样，散布在角落里的花是这样，堆积在空地处的照明灯还是这样。这位店主人的手艺绝对不一般。

之后当我回到工作室，浏览café mooee的主页时才知道。原来这里还可以开派对，以及帮助别人设计食物风格，提供餐饮。我推荐过的其他小店中，完全找不到像它这样如此多功能的了。

在下一个窗户打开的日子，我还会再去一次。

DUBOO'S INTERIOR POINT

回收再发现！

mooee家最大的一张桌板其实一个是年代久远的韩式房屋的门扇。它浸润了时间和岁月的色感，而这种感觉现在再重新去制作其实很难。酷酷的、有裂痕的、甚至有些脏的桌板我们只能用眼睛去观察。就在这些打算扔掉的东西或已经扔掉的东西里，店主人找到了灵感。

适合这种帽子的地方。

café mooee

annsnamu

营业时间：上午9:00~晚上10:00（周日休息）

地址：首尔市钟路区釜岩洞269-8

电话：02-379-5939

主页：www.annsnamu.co.kr

精致的物件、被款待的感觉——annsnamu

找到一间与自己品位相投的咖啡馆真是一件高兴的事。从天然原木到仿佛经过岁月洗涤的亚麻色感，亲手制作、慢工出细活的物件，陈旧却完好的家具和古着品到柔软舒适的整体氛围——这就是我样样都喜欢的annsnamu风格。

annsnamu的入口处摆放着一把年代久远的椅子，这让人们觉得来这里像是在拜访老朋友，亲切之感油然而生。打开门走进去，你就会发现这是一个能够让人大饱眼福的空间。左边是参差不齐的大窗子和木头桌，右边则满是杂货。尽管看上去和杂货店差不多，但不同的是，在购物的同时，它能和人们分享各种小故事。有时候，这里的一件貌似亲手制作的布手作就能将我的心慢慢融化了。

就在我参观的时候，之前点的咖啡和茶端上来了。我发现这里的咖啡托也十分可爱，且质地柔软，而它们细心准备的茶则让我有种被热情款待的感觉。咖啡和茶托的颜色搭配，原木质感和绿色食物的组合不仅看上去健康自然，还会让人生出一种很有品的感觉。此外，在活泼圆点图案的杯中盛满的红薯拿铁是靓丽的红色，让人觉得既甜蜜又温暖。想必这晚秋的萧瑟寒气也会因此慢慢沉寂下来。

如果你喜欢原木的质感，喜欢布料的柔软，喜欢白和棕的色调，喜欢手工制作，那么你也一定会喜欢上这里。因为annsnamu就是这样的地方。

p.s. 在写这本书的期间，annsnamu已摇身变成了一个更加漂亮的画廊。
不过那里的感觉和风格如常，务必来一次哦！

从入口处就开始彰显亲切氛围的annsnanu!

- - - - - - -
DUBOO'S INTERIOR POINT

小幸福-我自己的风格！

如果喝一口咖啡就能感觉到幸福，那么你也定能觉察到这世间微小事物的无穷魅力。如果你喜欢散步，那么请拾起洒落在路边的树叶、草叶，然后在享受下午茶的时光里将它们布置在你的周围吧。相信经过这样的设计之后，你再也不会羡慕那些平淡无奇的普通咖啡馆了。

demitasse

营业时间：上午11:00~晚上10:00

地址：首尔市钟路区釜岩洞254-5二层

电话：02-391-6360

主页：www.demitasse.co.kr

釜岩洞的盘碟博物馆——demitasse

釜岩洞的交通并不是很好，但那里仍然有各种各样的商店。沿着后山稍微再向上走，就是胡同小巷的天地。其实有时穿梭在小巷的乐趣远远大过在高楼大厦间。秋日里，釜岩洞黄色的银杏叶会均匀铺洒在地面上，远远看去就像一块巨大的年糕。釜岩洞也在首尔，但当我们来到这里时却会感觉自己更像一位旅行者。

当我们沿着小巷走遍各个角落，就会发现那里有很多虽谈不上华丽、却极具个性的魅力咖啡馆。而且和商业密集区域的高楼大厦不同，这里还有很多老房子。其中的一间，就叫做demitasse。

demitasse的外观不算特别，但室内的天花板却让老式屋顶散发出生活的气息，着实让人惊艳了一把。咖啡厅内，传闻中的漂亮杯碟热热闹闹地摆放在一起。悠闲的午后，阳光透过窗户照进来，心里痒痒的。

有意思的是，这儿的橱柜都挂着亚麻布帘。这种点缀的方法很简单，效果却出奇地好，让人很想效仿一下。我的目光移动着，从粗糙的深口杯，到白净的小盘碟，一件一件慢慢观赏。我想，哪怕每天都用不同的杯子喝咖啡或红茶，一年也会就这么轻易晃过去的。

我享用着店里手工调制的酸奶，同时慢慢环顾着四周，不禁感叹道："这里真像博物馆——一间专门陈列盘碟的博物馆！"

原来，将自己喜爱的东西陆陆续续汇聚到一起本身就是某种形式的装饰，而且它还可以这么酷！

"不然从现在开始，我也将自己喜欢的东西汇集到一起？"

不过我钟情的东西，种类实在是太多。如果将它们全汇集到一起，没准就是一间"众口难调"博物馆呢。

demitasse是一个哪怕只身前往也不会觉得无聊的地方。如果我们看这些小盘碟看腻了，还可以瞧瞧窗外其他的店，看看从楼房里走出的人，也可以观察观察路上来往行人的表情。

我们还可以听着舒缓的音乐，从书包里拿出早已准备好的杂志，阅读连载小说。

偶尔，我们可以让嘴巴休息，只打开自己眼睛和耳朵，看眼前的人，听别人的故事。这比张开嘴巴什么都说要清净许多。因此，每隔一段时间，我就会去一趟demitasse，让自己短暂地休整一下。在那里，我什么也不说。任时间静静流淌，让气息慢慢飘摇。

DUBOO'S INTERIOR POINT

像展厅一样集中起来！

将喜爱的物品集中到一处吧。把各种形状颜色不同的杯子收集在一起，摆在搁板上，抑或将漂亮的针织物整齐排列起来。都放在一起吧，感受一下这条强大的装饰法则。

展示器皿
整理心情

DEMITASSE

back in agony as ... I smacked another in th... pine. I smacked another in the face... blade. The third took a pistol ball in the fac... In the thick of the fighting, a young officer I too... Lieutenant Maynard was exhorting his fighters. Blackb... men were outnumbered two to one, and were dying on... another. With pistols soon discharged, cutlasses beca... order of the morning. The clank of their blades rang... the smoky air. Men screamed in pain. Others made...

结束生疏的
手作

终于结束了！当我说出这句话的时候，感觉自己在松了一口气的同时也有个疑问。看这本书的人是否也和我一样对手作感兴趣呢？其实在写书的过程中，我就一直不停地向身边的人询问："会做这个吗？""这个会不会稍微有些简单呢？"

在这几个月里，我一刻不停地赶做手工。无论是雕刻橡皮章，还是制作物品，都是一个循序渐进的过程。从简单的颜色和形状入手，到后面就能渐渐创造出色彩越来越丰富、形态越来越复杂的作品了。

刚开始，我只是想"试着做一个咖啡馆的窗帘怎么样？"到现在，竟然不知不觉完成了一本书。而在写完这本书时，我也同步制作出了形状各异的橡皮章、靠垫、枕套，以及各种厨房用品和小家具。尽管完成这本书的过程很艰难，但我也明显感觉到自己其实也收获了很多。一想到这个，我就会兀自开心地笑起来，希望某天我做的这些小作品能够重新展示在大家面前。我一直坚信自由的思想才是世界上最宝贵的东西，只要我们想做，就一定能做出自己想要的。梦想和想象就好似橡皮章，一个一个印刻着现实。我希望这本书能向大家传递这种信息。哪怕是一点点，我也知足了。

可爱物件以及

各类装饰的

橡皮章图案汇

LUNCH TIME

p.092

碟子图案

p.091

碟子图案

p.092

碟子图案

p.108

p.141

p.084

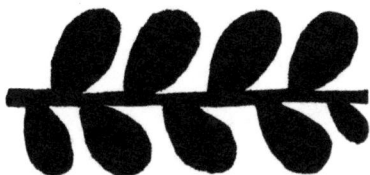

p.057

p.113

p.023

p.100

p.064

p.020

p.019

p.104

p.024

p.077

p.062

p.052

p.030

p.052

p.062

p.102

p.115

p.032

p.021

p.061

p.115

p.088

p.058

p.060

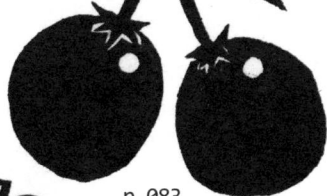
p.083

p.050

p.054

内容提要

橡皮章只用来盖章，未免太可惜，搭配在小布头、文具、衣物，杯盘碗碟、包装袋、窗帘等日用杂货上，更是有变幻无穷的魅力。本书中，韩国橡皮章达人duboo将自己的橡皮章秘笈大公开，从工具到材料，图案的展现以及雕刻技巧都有悉心介绍，书后的橡皮章图案还可以让你上手更快。

本书特别收录触发创意灵感的风格独特的秘密好店，你也可以借鉴店铺主人的巧思，装饰自己的居家空间。安装一块小搁板，换一席窗帘，或换一种灯光，便可安然落座，享受一个人的静谧时光。

北京市版权局 著作权合同登记 图字：01-2013-0718 号

매일매일 핸드메이드

Copyright © 2011 by Han Sejin（한세진）

All rights reserved.

Simplified Chinese copyright © 2013 by China WaterPower Press

This Simplified Chinese edition was published by arrangement with ARTBOOKS

Publishing Corp. through Agency Liang

图书在版编目（C I P）数据

橡皮章乐园 ：印刻生活中的小幸福 ／（韩）韩岁真
著 ；钱卓译. -- 北京 ：中国水利水电出版社，2013.12
ISBN 978-7-5170-1432-4

Ⅰ．①橡… Ⅱ．①韩… ②钱… Ⅲ．①印章—手工艺
品—制作 Ⅳ．①TS951.3

中国版本图书馆CIP数据核字（2013）第277071号

策划编辑：余楒婷　加工编辑：王乃竹　责任编辑：余楒婷　封面设计：杨　慧

书　　名	橡皮章乐园：印刻生活中的小幸福	
作　　者	【韩】韩岁真 著 钱 卓 译	
出版发行	中国水利水电出版社	
	（北京市海淀区玉渊潭南路 1 号 D 座 100038）	
	网　址：www.waterpub.com.cn	
	E-mail：mchannel@263.net（万水）	
	sales@waterpub.com.cn	
	电　话：（010）68367658（发行部）、82562819（万水）	
经　　售	北京科水图书销售中心（零售）	
	电　话：（010）88383994、63202643、68545874	
	全国各地新华书店和相关出版物销售网点	
排　　版	北京万水电子信息有限公司	
印　　刷	北京联城乐印刷制版技术有限公司	
规　　格	148mm×210mm　32 开本　6.25 印张　155 千字	
版　　次	2013 年 12 月第 1 版　2013 年 12 月第 1 次印刷	
印　　数	0001—5000 册	
定　　价	32.80 元	

凡购买我社图书，如有缺页、倒页、脱页的，本社发行部负责调换

版权所有·侵权必究